装备科技译著出版基金

低成本无人机状态估计与控制

State Estimation and Control for Low-cost Unmanned Aerial Vehicles

[俄]Chingiz Hajiyev　[土]Halil Ersin Soken

[土]Sitki Yenal Vural　著

苏艳琴　鹿珂珂　张光轶　王　超　译

陈　勇　审校

国防工业出版社

·北京·

著作权合同登记　图字：军-2016-150 号

图书在版编目（CIP）数据

低成本无人机状态估计与控制/（俄罗斯）钦吉兹·哈吉耶夫，（土）哈利尔·埃尔辛·索肯（土）锡特基耶纳尔·弗拉尔著，苏艳琴等译. —北京：国防工业出版社，2021.7

书名原文：State Estimation and Control for Low-cost Unmanned Aerial Vehicles

ISBN 978-7-118-12318-0

Ⅰ.①低…　Ⅱ.①钦…　②哈…　③锡…　④苏…　Ⅲ.①无人驾驶飞机–飞行控制　Ⅳ.①V279

中国版本图书馆 CIP 数据核字（2021）第 099382 号

※

*国防工业出版社*出版发行

（北京市海淀区紫竹院南路 23 号　邮政编码 100048）

三河市腾飞印务有限公司印刷

新华书店经售

*

开本 710×1000　1/16　插页 5　印张 12　字数 230 千字

2021 年 7 月第 1 版第 1 次印刷　印数 1—1500 册　定价 109.00 元

（本书如有印装错误，我社负责调换）

国防书店：(010) 88540777　　书店传真：(010) 88540776

发行业务：(010) 88540717　　发行传真：(010) 88540762

随着时间的推移，航空技术的发展对人们生活的方方面面产生了越来越大的影响，当然，在这个过程中，无人飞行器（无人机）也发挥了重要的作用。

本书围绕自动控制领域进行介绍，对无人机技术的发展起到一定的推动作用，主要包括3个方面：运用鲁棒自适应卡尔曼滤波对无人机参数进行无故障的估计；运用故障检测和隔离算法对无人机大气数据进行数据融合；运用经典控制器和模糊控制器对无人机进行控制。

通过实例和MATLAB软件包仿真，研究了低成本无人机状态估计、控制和故障检测与隔离方法。

本书大部分内容属于作者原创。

本书是一本研究性的专著，主要针对所提出的方法的理论和应用方面进行讨论。

本书分为11章，内容如下。

第1章介绍了无人机及其发展简史，论述了无人机的重要性，以及相较于传统有人机，无人机所具有的优势。

第2章讨论了坐标系、刚体运动方程的推导，无人机运动线性方程，以及线性系统状态空间的表现形式。

第3章介绍了惯性导航、大气数据和卫星无线电导航系统、多普勒高度表和磁传感器。研究了无人机系统中，这些系统的测量故障及故障建模。

第4章给出了无人机最优线性卡尔曼滤波器（OKF）状态估计，研究了OKF的稳定性和自适应卡尔曼滤波的必要性。

第5章介绍了滤波增益校正的鲁棒卡尔曼滤波器（RKF），采用测量噪声标度因子（MNSF）作为定义变量，故障测量考虑小权重，并在不影响精确测量特性的情况下对估计值进行修正。提出单个和多个MNSF（R-自适应）的RKF算法，并应用于测量故障的无人机平台状态估计中。对比这些算法在不同类型传感器故障的处理结果，给出应用建议，并对RKF的稳定性进行分析。

第6章引入无人机状态估计的噪声协方差（Q-自适应）自适应过程，提出了针对传感器/执行器故障的R-自适应和Q-自适应的鲁棒自适应卡尔曼滤波器（RAKF）算法。因此，在传感器/执行器故障时，该滤波器仍能保持稳定并保证精确估计。通过对无人机状态估计过程仿真，对所提出的RAKF性能进行研究。

该方法保证了无人机参数估计系统不受传感器/执行器故障的影响，实现了无人机自主地执行任务。

第 7 章论述了全球定位系统（GPS）/惯性导航系统（INS）测量精度高，大气数据系统（ADS）测量精度较低，但频率高，综合利用卡尔曼滤波技术，将二者相结合，以获得高精度、高频率的测量数据。结果表明，基于间接卡尔曼滤波技术的系统，利用已知的系统误差动力学和确定的统计值，可获得风速数据。利用该系统开发了故障检测和隔离（FDI）算法，并进行诊断测试，从而得到不同传感器测量故障下的系统性能。为了融合不同测量组的数据，使用联合卡尔曼滤波，由 FDI 算法生成最优结果，并在联合滤波器融合之前去掉错误数据。

第 8 章中，为了设计控制器，研究了无人机的稳定性。本章介绍并研究了无人机纵向和横向稳定性分析的传递函数。

第 9 章在经典控制器设计的基础上，研究了无人机飞行控制系统的设计过程。研究了经典比例 – 积分 – 微分（PID）控制器等经典控制方法。研究结果表明，PID 控制器能够较好地控制小型无人机的纵向和横向飞行性能。

第 10 章介绍了用线性二次型调节器（LQR）法设计最优控制器。采用卡尔曼滤波器获得更好的评估测量干扰效果。首先，无干扰时，对控制器进行测试，然后，有干扰时，再对卡尔曼滤波器系统进行测试，结果表明了卡尔曼滤波和 LQR 控制器的有效性。

第 11 章研究了无人机飞行动力学的模糊控制器，设计了基于模糊逻辑的纵向和横向控制器。虽然未对系统进行优化，设计时未考虑动力学模型影响，但模糊逻辑控制器运行良好。在模糊逻辑控制器中，合理的隶属函数能获得更好的结果。研究了模糊控制器的稳定性，对不同控制方法对无人机飞行控制的有效性进行比较。

本书适用于航空航天专业研究人员和工程师使用，也可作为研究生的重要参考书。此外，第 2、3、4、8、9 和 10 章也可以作为航空、控制和系统工程本科教材使用。

感谢 Volkan Kargin 先生对于第 7 章仿真分析研究的贡献，以及理科硕士生 Demet Cilden 对全书进行校正和格式修改。

希望这本书对研究人员、学生、我们的同事及所有的读者有所帮助。

土耳其，伊斯坦布尔，

2015 年 1 月

Chingiz Hajiyev

Halil Ersin Soken

Sitki Yenal Vural

目 录

第 1 章　无人机概论

第 2 章　无人机的运动方程

第 3 章　无人机导航系统

第4章 无人机动力学估计

第5章 传感器故障时的无人机动力学估计

第1章 无人机概论

1.1 引言

一切的一切，都要从人们想要像鸟儿一样展翅飞翔的想法说起。从世界范围来看，这又何尝不是整个人类的梦想呢？也许，从动画片《土耳其少年的飞行梦》里，400年前，男主人公第一次飞跃伊斯坦布尔，从加拉塔桥塔跳下的时候，就开始萌生了这个想法。在土耳其的历史上，这部动画片是个传奇，也许从来就没人觉得飞行会成为现实，但是，有件事可以确定的是，从他纵身一跃的那天开始，很多东西都已然改变。如果男主人公还在世，他会看到飞行技术已经发展到了他无法想象的高度。如今，飞机成为了理想的交通工具、完美的战争武器、人类的助手，使人们生活的方方面面都变得更加便捷。现在，想象一下，价格低廉、生产容易、不需要飞行员的飞机——无人机，即无人驾驶飞机，基于这些现实目的发展起来。无人机不需要天才指挥官、不需要人在飞机上进行额外控制，就没有人的生命风险，且与有人机相比更加经济、更加小型、更加轻便。

首先，顾名思义，无人机是一种没有飞行员和乘务人员的交通工具，能在战争爆发、面临有一定风险的任务或特殊情况发生时，比如修正导弹方向，达到更好效果。自古以来，战争必然带来人员伤亡，因此，如果有一种方法能够减少部队伤亡就显得非常重要。正如霍尔德所说，在执行危险任务时，无人机对实时信息的获取要比有人机更有效，并且在很多其他情况下，也需要无人机，因此无人机在战争中扮演着重要角色[1]。或许，无人机在伊拉克战争中的运用就是很好的佐证，无人机成为伊拉克国内真正陆基联合作战力量的空中之眼[2]。从费卢杰战役中关键的攻坚战就很容易得到验证。西方解释说这场战斗之前，美国和伊拉克政府已完成磋商并达成共识，通过费卢杰战役再次控制了巴格达。美国和伊拉克的军事武装12000人，反动武装4000人，战斗中不允许严重人员伤亡，这不仅包括军队伤亡，也包括200000市民的安全。因此，确定反动武装所在位置尤为重要，只有一支部队能够出色地完成这项任务，那就是海军无人机中队（VMU-1），绰号"看门狗"，以及他们的先锋无人机[2]。这次战役结束时，已经是11天以后了，城市非常干净，任务仅在大约30min内就完成了，各方人员伤亡都非常少。由此，完美展示了无人机在局部战争中的应用。

无人机的另一个用途就是执行危险任务。也许，无人机攻击能力是有限的，但是它们执行搜索任务的能力十分出色，因此常常用于执行危险行动，且不会受到争议[1]。例如，Newcome 宣称，在核测试区域执行搜索任务，这类工作对飞行员生命安全存在威胁，冷战时，很可能会引发核战争。因此，这些任务常常被认为是"肮脏的"，把它派给无人机是最好的选择[3]。从这点上看，无人机可以完美地执行危险任务。Holder 和 Newcome 描述了无人机的另一优势：当无人机丢失时，不需要危险的营救而引发更多潜在的伤亡[1]。2000 年，日本有珠山火山爆发后，建设部决定让无人机取代有人机到该区域飞行，原因是该火山是活火山，对飞行员存在极大危险[3]。同时，还有很多适合无人机执行的"肮脏"任务的提案，例如，Holder 指出，经检验，无人机还可以用于确定导弹目标且避免飞行员生命伤亡[1]。当最有价值的飞行员的生命面临危险时，无人机就是他们的救生圈。

如今，仿生鸟飞行非常昂贵，更加经济的无人机受人注目。首先，飞行员培训周期长且昂贵，因为无人机不需要飞行员，所以驾驶无人机比较经济、简单。战斗机飞行学员要学习战斗相关的所有知识，飞行 6 周时间，浪费这么多时间和金钱，是捕食者无人机新手培训周期的 17 倍[3]。同时，无人机还有一个重要用途就是作为战斗机的靶机，这也是飞行员战斗技能培养的组成部分，既能保证教育质量，又能保证教育成本降低。Holder 举了个例子，为了培养战斗机飞行员提高格斗能力，美国空军和海军就大量使用了无人靶机。

另一个使用无人机的直接经济优势就是它的价格。在安保领域，无人机和有人机对比，价格优势明显。2005 年，Farivar 指出警察执行监视任务以及反恐使命时，购买、更换和修理飞机都需要花费大量金钱[4]。此时，用更为经济的无人机取代有人机就变得更加重要。同时，Farivar 指出，洛杉矶警察局无人机办公室席德中校说道："尤其与直升机相比，小成本飞机需求更大。直升机每小时需要花费 450 美元，每飞行 10h 就需要购买新机。而无人机一架被击落，第二天就可以再买 100 架[4]。"有一点可以肯定的是，即使预算充足的军队，也更想要制造成本和飞行成本更低廉的飞机。

第三点，无人驾驶能减小飞机尺寸，跟大飞机相比，小飞机优势更多。无人驾驶并不仅仅意味着没有飞行员，也意味着不需要携带乘务人员必需的设备。例如，救生设备对于有人机是必不可少的。Holder 指出，不需要救生设备的无人机相较于有人机更先进[1]。那些设备又大又重，因此，相同条件下，采用小型无人机更不易被发现、更可取，因为没人会希望间谍飞机被敌方发现。小尺寸飞机还有一些优势就是续航时间更长，起飞降落更便捷。因此，无人机被赋予了更多任务，比如救火。德加斯帕里告诉他的读者，地面救火的视野受限，空中交通工具能使火灾搜索范围更大。为了满足这一需要，爱达荷国家工程和环境实验室（Idaho National Engineering and Environmental Laboratory，INEEL）正在研究消防无人机[5]。该实验室无人机项目负责人斯科特鲍尔说，用拖车运载小型无人机，弹射器弹射升空，并用手提箱大小的遥控器进行控制是可行的，他描述的小型无人机翼展为 3～3.5m，载重为 12kg，续航时间为 10h[5]。同时，小型无人机还有其他优势，由于便捷而便于运输，几分钟内就可以飞起来。警察等执法者采用的安保无人机就是其中一种。根据 Farivar 所说的安保无人机的尺寸，张博士解释说小型飞机携带方便，可以装进包里，当需要操作时，几分钟内就可以安装完毕，实现起飞。

由于使一个重的物体飞起来要比轻的物体难度大，在这种情况下，需要对轻型无人机性能进行检测。首先，出于安保、交通管制和新闻视角等应用目的，无人机在城市上空飞行更加需要安全。Farivar 引用 Kroo 教授的观点解释了这一情况，Ilan Kroo 教授是斯坦福大学飞机空气动力学设计小组无人机安全负责人。Ilan Kroo 教授指出："飞机的小型化也是出于对公众安全考虑。"他还补充说，如果发生空难，飞机坠毁在人口密集区域，那么你肯定希望碎片只有几盎司重，而不是几千磅重[4]①。同时，低质量的优点是小型且便于携带，比如更小、更轻的无人机可以采用手抛式。投掷无人机能够手抛起飞，仅仅 6.8kg，各项性能具有广泛的潜在用途，如在空中为新闻和执法部门提供实时图像[1]。另一方面，更轻也使其更具隐身性。不需要搭载乘务人员，接近下限的飞行重量，正满足空中预警系统研发人员需求，因为更轻就能飞的更高，飞行时间足够长且不易被察觉[6]。更轻通常更好。

总之，无人驾驶更加经济、更加小型、更加便捷，使得无人机相较于有人机的优势更加明显。从这一点上看，有没有天才指挥官不再重要，无人机优势地位日益突出。在很多领域，无人机已经取代有人机。或许有一天，客机也会是无人驾驶的，而不再需要飞行员。

1.2　无人机的分类及应用

国外，无人机的定义是没有飞行员的飞行器。根据国际民用航空组织（International Civil Aviation Organization，ICAO）的划分标准，无人飞行器分为两类[7,8]。

1. 自动驾驶飞机

根据法律和责任条款，自动驾驶飞行器被认为不适合监管。

2. 遥控飞机

根据国际民用航空组织和有关国家航空管理局规定，遥控飞机必须服从民用

---

① 1 盎司（oz）＝28.3495g；
　　1 磅（lb）＝0.45359237kg。

管制。

无人机有很多不同的名字，包括被称为无人飞行系统（Unmanned Air Systems，UAS）、无人驾驶系统（Unpiloted Air Systems，UAS）、遥控飞机（Drones）、无人驾驶飞行器（Unpiloted Aerial Vehicles）等。无人机可通过机载计算机自主控制（根据在线计算和预先编码控制算法）或者地面人员遥控。无人机系统是一个复杂系统，包括：

（1）操控人员使用的控制站；

（2）无人机平台；

（3）通信系统。

无人机具有军用和民用多种不同用途，民用用途包括：

（1）航拍；

（2）农业用途；

（3）气象目的；

（4）交通管制；

（5）物流——无人机用于运送货物；

（6）警察局；

（7）消防设备；

（8）信息服务；

（9）研究进展——深入学习实验。

军用用途包括：

（1）侦察；

（2）监测；

（3）目标和诱饵——用于空中或地面打击敌方导弹或飞机；

（4）攻击——作为战斗机或轰炸机（通常）执行高危任务；

（5）电子情报。

根据尺寸和性能、使命不同，无人机可以划分为不同种类。续航能力、范围、质量和升限等特点决定了无人机不同性能，从而可以划分不同种类。但是，随着技术进步和新兴无人机出现，这些定义也在不断改变。目前，不同类型无人机包括[7,8]：

● 航天轨道无人机——在近地轨道上飞行的无人机。速度可达到 25Ma，主要用于发射宇宙飞船进入轨道。

● 高超声速无人机——可达超声速（1～5Ma）或高超声速（5Ma）速度，适合亚轨道高度飞行。

● 高空长航时（HALE）无人机——在 15000m 以上高度，持续飞行 24h 甚至更长时间，通常军用。

● 中空长航时（MALE）无人机——在 5000～15000m 之间高度飞行，通常军用。

- 战术无人机——军用小范围使用，与高空长航时和中空长航时相比，系统更简单。
- 近程无人机——机动部队使用，飞行范围 100km，用于监视、交通管制、植物保护、侦察任务等。手抛无人机属于此类别。
- 小型无人机——接近 20kg 的无人机。可能采用手抛，通常机动部队使用。
- 微型无人机——翼展小于 150mm 的无人机。它们是在城市环境中操作所必需的。
- 纳米飞行器——跟昆虫尺寸相当，用于极小范围监视。

以上飞行器，可以是旋翼（可以垂直起降）或固定翼。

无人机可以根据机翼、载重、发动机类型、载荷功率等进行分类。

机翼载荷的计算公式是无人机总质量除以机翼面积。根据机翼负荷值可以将无人机划分为 3 类。机翼负荷大于 $100\mathrm{kg/m^2}$ 的无人机称为高负载机，小于 $100\mathrm{kg/m^2}$ 且大于 $50\ \mathrm{kg/m^2}$ 的无人机称为中负载机，小于 $50\ \mathrm{kg/m^2}$ 的无人机称为小负载机。

为了完成不同使命，无人机使用不同类型发动机，包括涡扇、双冲程、活塞、旋转涡轮、电动以及螺旋桨。如下给出采用不同类型发动机的无人机：

- 全球鹰——军用无人机——涡扇；
- 捕食者——军用无人机——活塞；
- 龙眼——军用无人机——电动。

1.3　无人机的发展历程

无人驾驶飞行器是在 20 世纪 90 年代初才开始使用的术语，之前表述为"遥控飞机（RPV）"[3]。最新给出无人机的定义[3]为：

无人机是指一种不搭载操作人员的空中动力飞行器，采用空气动力学为飞行器提供所需的动力，能够自主飞行或进行远程遥控；既能一次性使用也能进行回收；能够携带致命性或非致命性有效载荷。弹道或半弹道飞行器、巡航导弹和炮弹不能看作无人飞行器。

近年来，在科索沃战争北约军事行动和持久自由行动等美国军事行动中，无人机才开始得到广泛运用，但是无人机的历史和有人机同样久远。事实上，最早，在 20 世纪 80 年代中期之前，军事策划者缺乏对无人机在军事使命中所扮演角色的正确认识，没有意识到无人机的显著优势，造成无人机没有被加入到某一任务中，民众对无人机的兴趣也减弱了[9]。如今，无人机被用于各种不同用途，例如交通管制、消防等公共领域，以及侦察监视、攻击等重要军事任务。

历史上，1918 年，Charles Kettering 为美国海军建造的"凯特灵小飞虫"（Kettering Bug）被认为是第一架无人机。样机的成功使得军队订购了更多该机型无人机，但是随着一战结束并没有飞行。另一方面，通常的观点认为 1964—1972 年，美国在越南战争中的"火蜂"是无人机的祖先。当时，战略空军 100 号战略侦察连队（UASF）指挥超过 3400 架无人战斗机在越南北部、老挝、中国上空飞行。

不久的将来，无人机技术有望取得更大的进步，主要围绕无人机自主水平展开研究。在无人干预情况下，飞机能够自主决策，飞行任务的性能直接受到决策正确与否的影响，而不受精确定位、姿态决定等影响。从这个意义上说，首先需要一种能够对无人机状态进行准确估计的方法，然后需要一种有效的状态控制算法来提高无人机自主执行任务的性能。本书提出几种算法旨在解决这些问题。

1.4 结束语

综上所述，无人化、更加经济、更加小型、更加便捷都使得无人机更优于有人机，从这一点上看，是否存在天才指挥官将不再重要，而无人机的优势也更加引人注目，越来越明显。在诸多领域，无人机将取代有人机。或许有一天，客机将实现无人驾驶而不再需要飞行员。但是，将无人机应用到人类生活各个领域需要面对的关键挑战是自主化水平的提高和人为参与的减少。本书提出几种算法旨在解决这些问题。

参考文献

1. Holder WG, Holder B (2001) Unmanned air vehicles: an illustrated study of UAVs. Schiffer Publishing, Atglen
2. West B (2005) Nowhere to hide. Pop Mech 182(2):54–59
3. Newcome LR (2004) Unmanned aviation: a brief history of unmanned aerial vehicles. AIAA, Reston
4. Farivar C (2005) A flying crime fighter (some assembly required). New York Times (Article dated: January, 13, 2005), p. G7
5. DeGaspari J (2005) Unmanned fire spies [Electronic version]. Mech Eng 127(2):20–22
6. Long MW (ed) (1992) Airborne early warning system concepts. Artech House Publishing, Norwood
7. Austin R (2010) Unmanned aircraft systems: UAVs design, development and deployment. Wiley, Chichester
8. Fahlstrom PG, Gleason TJ (2012) Introduction to UAV systems, 4th edn. Wiley, Hoboken
9. Cook KLB (2007) The silent force multiplier: the history and role of UAVs in warfare. IEEE aerospace conference, Big Sky, MT, USA, March 2007

第 2 章　无人机的运动方程

2.1　刚体运动方程

在深入分析运动方程之前，有必要先回顾一下坐标系，接下来将针对这一部分展开讨论。

2.1.1　坐标系

1. 机体坐标系

机体坐标系的原点位于飞机的重心上。x 轴指向飞机的头部，y 轴定义为指向飞机的左侧机翼。根据右手定则，z 轴垂直指向飞机的底部，从而完整定义机体坐标系。

2. 地球坐标系

地球坐标系的 z 轴指向地球的中心。坐标系位于地球的水平面内，其中 x 和 y 轴分别定义为北向和东向。作为一种通用的方法，在有关飞机研究中，一般假定地球坐标系为惯性系。由于飞机的转动速率比地球的转动速率相对较高，那么这一假设在飞机相关研究中引入误差较低，在可接受范围内，可应用此假定[1,2]（图 2.1）。

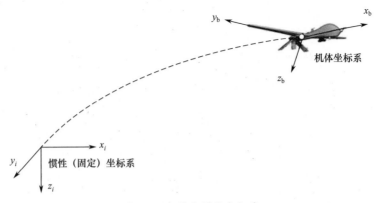

图 2.1　机体和惯性坐标系

2.1.2　刚体运动方程的推导

假设飞机是一个刚体，其质量在相对较短持续时间内保持恒定，那么根据牛顿第二定律，可得

$$F = m\left(\frac{\mathrm{d}V_c}{\mathrm{d}t}\right)_i \tag{2.1}$$

式中：m 为飞机的质量；V_c 为飞机质心的速度；F 为作用在飞机上的力，而下标 i 表示式（2.1）是在惯性系下推导得出。

若将坐标系修正为机体坐标系，那么必须考虑飞机相对惯性系的旋转。参考具有 w_b 角速度的旋转机体系，V_c 的微分可以写为

$$\left(\frac{\mathrm{d}V_c}{\mathrm{d}t}\right)_i = \left(\frac{\mathrm{d}V_c}{\mathrm{d}t}\right)_b + w_b \times (V_c)_b \tag{2.2}$$

因此，作用在飞机上的力为

$$F = m\left[\left(\frac{\mathrm{d}V_c}{\mathrm{d}t}\right)_b + w_b \times (V_c)_b\right] \tag{2.3}$$

式中：$(V_c)_b$ 为机体坐标系下的飞机速度，分别由 x、y 和 z 方向的速度 u、v 和 w 组成，表示为

$$(V_c)_b = u\boldsymbol{i} + v\boldsymbol{j} + w\boldsymbol{k} \tag{2.4}$$

式中：w_b 为机体坐标系的角速度向量，分别由绕 x、y 和 z 轴的角速率 p、r 和 q 组成（或者滚转、俯仰和偏航角速率），表示为

$$w_b = p\boldsymbol{i} + r\boldsymbol{j} + q\boldsymbol{k} \tag{2.5}$$

因此，得到机体坐标系下飞机的 3 个力学方程：

$$\begin{bmatrix} F_x \\ F_y \\ F_z \end{bmatrix} = m\begin{bmatrix} \dot{u} \\ \dot{v} \\ \dot{w} \end{bmatrix} + m\begin{vmatrix} \boldsymbol{i} & \boldsymbol{j} & \boldsymbol{k} \\ p & q & r \\ u & v & w \end{vmatrix} = m\begin{bmatrix} \dot{u} + qw - rv \\ \dot{v} + ru - pw \\ \dot{w} + pv - qu \end{bmatrix} \tag{2.6a}$$

$$\begin{cases} F_x = m(\dot{u} + qw - rv) \\ F_y = m(\dot{v} + ru - pw) \\ F_z = m(\dot{w} + pv - qu) \end{cases} \tag{2.6b}$$

同时，为了得到飞机的 3 个力矩方程，需要采用相对复杂的方法，该方法研究一个任意小的质量元 δm，该质量块距离飞机质心有一定距离，并绕质心旋转[2]（图2.2）。

首先，质量元与飞机质心之间的距离由下面的向量给出：

$$r_{\delta m} = x\boldsymbol{i} + y\boldsymbol{j} + z\boldsymbol{k} \tag{2.7}$$

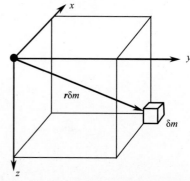

图 2.2　机体坐标系中任意小的质量元

式中：x、y 和 z 分别为距离 x、y 和 z 轴的距离。

此时，这一质量元相对质心的速度可以写为

$$V_{\delta m} = \left(\frac{\mathrm{d}\boldsymbol{r}_{\delta m}}{\mathrm{d}t}\right)_{\mathrm{b}} + \boldsymbol{w}_{\mathrm{b}} \times \boldsymbol{r}_{\delta m} \qquad (2.8)$$

由于飞机假定为刚体，$\boldsymbol{r}_{\delta m}$ 随时间保持恒定，因此：

$$\left(\frac{\mathrm{d}\boldsymbol{r}_{\delta m}}{\mathrm{d}t}\right)_{\mathrm{b}} = 0 \qquad (2.9)$$

因此：

$$\boldsymbol{V}_{\delta m} = \boldsymbol{w}_{\mathrm{b}} \times \boldsymbol{r}_{\delta m} = \begin{vmatrix} \boldsymbol{i} & \boldsymbol{j} & \boldsymbol{k} \\ p & q & r \\ x & y & z \end{vmatrix} \qquad (2.10\mathrm{a})$$

$$\Rightarrow \quad \boldsymbol{V}_{\delta m} = (qz - ry)\boldsymbol{i} + (rx - py)\boldsymbol{j} + (py - qx)\boldsymbol{k} \qquad (2.10\mathrm{b})$$

此外，可以推导得到质量元角动量 $\delta\boldsymbol{H}_{\delta m}$ 的表达式：

$$\delta\boldsymbol{H}_{\delta m} = \boldsymbol{r}_{\delta m} \times (\delta m \boldsymbol{V}_{\delta m}) \qquad (2.11)$$

由此，得到角动量的 3 个分量分别为

$$\delta\boldsymbol{H}_{\delta m} = \begin{bmatrix} \delta H_x \\ \delta H_y \\ \delta H_z \end{bmatrix} = \begin{vmatrix} \boldsymbol{i} & \boldsymbol{j} & \boldsymbol{k} \\ x & y & z \\ \delta m(qz - ry) & \delta m(rx - pz) & \delta m(py - qx) \end{vmatrix} \qquad (2.12\mathrm{a})$$

$$\Rightarrow \begin{cases} \delta H_x = p(y^2 + z^2)\delta m - qxy\delta m - rxz\delta m \\ \delta H_y = q(x^2 + z^2)\delta m - ryz\delta m - pxy\delta m \\ \delta H_z = r(x^2 + y^2)\delta m - pxz\delta m - qyz\delta m \end{cases} \qquad (2.12\mathrm{b})$$

接着，这些表达式可以积分到整个飞机，从而确定飞机本身的角动量方程，由于 p、r 和 q 都不取决于质量，因此：

$$\begin{cases} H_x = \iiint \delta H_x = p\iiint (y^2 + z^2)\delta m - q\iiint xy\delta m - r\iiint xz\delta m \\ H_y = \iiint \delta H_y = q\iiint (x^2 + z^2)\delta m - r\iiint yz\delta m - p\iiint xy\delta m \\ H_z = \iiint \delta H_z = r\iiint (x^2 + y^2)\delta m - p\iiint xz\delta m - q\iiint yz\delta m \end{cases} \qquad (2.13)$$

已知惯量的定义为

$$\begin{cases} I_{xx} = \iiint (y^2 + z^2)\delta m & (2.14\mathrm{a}) \\ I_{yy} = \iiint (x^2 + z^2)\delta m & (2.14\mathrm{b}) \\ I_{zz} = \iiint (x^2 + y^2)\delta m & (2.14\mathrm{c}) \end{cases}$$

同时，惯性积为

$$\begin{cases} I_{xy} = \iiint xy\delta m & (2.15a) \\\\ I_{yz} = \iiint yz\delta m & (2.15b) \\\\ I_{xz} = \iiint xz\delta m & (2.15c) \end{cases}$$

接下来，假如将惯量和惯性积分量代入到式（2.13）中，那么：

$$\begin{cases} H_x = pI_{xx} - qI_{xy} - rI_{xz} \\ H_y = qI_{yy} - rI_{yz} - pI_{xy} \\ H_z = rI_{zz} - pI_{xz} - qI_{yz} \end{cases} \quad (2.16a)$$

或者以矩阵形式表示：

$$\begin{bmatrix} H_x \\ H_y \\ H_z \end{bmatrix} = \begin{bmatrix} I_{xx} & -I_{xy} & -I_{xz} \\ -I_{xy} & I_{yy} & -I_{yz} \\ -I_{xz} & -I_{yz} & I_{zz} \end{bmatrix} \begin{bmatrix} p \\ q \\ r \end{bmatrix} \quad (2.16b)$$

通常，假定飞机的 $x - z$ 平面为对称面，因此：

$$I_{xy} = I_{yz} = 0 \quad (2.17)$$

这里简化了式（2.16）中的两个部分，从而：

$$\begin{cases} H_x = pI_{xx} - rI_{xz} \\ H_y = qI_{yy} \\ H_z = rI_{zz} - pI_{xz} \end{cases} \quad (2.18)$$

最后一步，需要确定角动量向量的微分。与式（2.2）相似，参考具有 $\boldsymbol{w}_b$ 角速度的旋转机体系，$\boldsymbol{H}$ 的微分可以表示为

$$\left(\frac{\mathrm{d}\boldsymbol{H}}{\mathrm{d}t}\right)_i = \left(\frac{\mathrm{d}\boldsymbol{H}}{\mathrm{d}t}\right)_b + \boldsymbol{w}_b \times \boldsymbol{H}_b \quad (2.19)$$

由于假定飞机的质量和质量分布不随时间变化，因此惯量和惯性积不随时间变化：

$$\dot{I}_{xx} = \dot{I}_{yy} = \dot{I}_{zz} = \dot{I}_{xz} = 0 \quad (2.20)$$

此外，

$$\left(\frac{\mathrm{d}\boldsymbol{H}}{\mathrm{d}t}\right)_b = \begin{bmatrix} \dot{p}I_{xx} - \dot{r}I_{xz} \\ \dot{q}I_{yy} \\ \dot{r}I_{zz} - \dot{p}I_{xz} \end{bmatrix} \quad (2.21)$$

显然，

$$\boldsymbol{w}_b \times \boldsymbol{H}_b = \begin{vmatrix} \boldsymbol{i} & \boldsymbol{j} & \boldsymbol{k} \\ p & q & r \\ pI_{xx} - rI_{xz} & qI_{yy} & rI_{zz} - pI_{xz} \end{vmatrix} = \begin{bmatrix} q(rI_{zz} - pI_{xz}) - rqI_{yy} \\ r(pI_{xx} - rI_{xz}) - p(rI_{zz} - pI_{xz}) \\ pqI_{yy} - q(pI_{xx} - rI_{xz}) \end{bmatrix} (2.22)$$

由此得

$$
\left(\frac{\mathrm{d}\boldsymbol{H}}{\mathrm{d}t}\right)_i = \left(\frac{\mathrm{d}\boldsymbol{H}}{\mathrm{d}t}\right)_b + \boldsymbol{w}_b \times \boldsymbol{H}_b = \begin{bmatrix} \dot{p}I_{xx} + qr(I_{zz} - I_{yy}) - (\dot{r} + pq)I_{xz} \\ \dot{q}I_{yy} - pr(I_{zz} - I_{xx}) + (p^2 - r^2)I_{xz} \\ \dot{r}I_{zz} + pq(I_{yy} - I_{xx}) + (qr + \dot{p})I_{xz} \end{bmatrix} \quad (2.23)
$$

因此，机体系下的飞机运动的 3 个力矩方程可以写为

$$
\begin{cases} L = \dot{p}I_{xx} + qr(I_{zz} - I_{yy}) - (\dot{r} + pq)I_{xz} \\ M = \dot{q}I_{yy} - pr(I_{zz} - I_{xx}) + (p^2 - r^2)I_{xz} \\ N = \dot{r}I_{zz} + pq(I_{yy} - I_{xx}) + (qr + \dot{p})I_{xz} \end{cases} \quad (2.24)
$$

式中：L 为绕 x 轴的力矩；M 为绕 y 轴的力矩；N 为绕 z 轴的力矩。与此同时，需要强调：所有 3 个方程中的第一项 $\dot{p}I_{xx}$、$\dot{q}I_{yy}$、$\dot{r}I_{zz}$ 与角加速度相关，第二项 $qr(I_{zz} - I_{yy})$、$pr(I_{zz} - I_{xx})$、$pq(I_{yy} - I_{xx})$ 表示陀螺精度，第三项表达式 $(\dot{r} + pq)I_{xz}$、$(p^2 - r^2)I_{xz}$、$(qr + \dot{p})I_{xz}$ 是耦合项。

总之，飞机的 3 个力和力矩方程为：

$$
受力方程 \Rightarrow \begin{cases} F_x = m(\dot{u} + qw - rv) \\ F_y = m(\dot{v} + ru - pw) \\ F_z = m(\dot{w} + pv - qu) \end{cases}
$$

$$
力矩方程 \Rightarrow \begin{cases} L = \dot{p}I_{xx} + qr(I_{zz} - I_{yy}) - (\dot{r} + pq)I_{xz} \\ M = \dot{q}I_{yy} - pr(I_{zz} - I_{xx}) + (p^2 - r^2)I_{xz} \\ N = \dot{r}I_{zz} + pq(I_{yy} - I_{xx}) + (qr + \dot{p})I_{xz} \end{cases}
$$

2.2　飞机的姿态和位置

以上研究了飞机在机体坐标系下得到的运动方程。但是，这不是在一个相对移动的坐标系中定义的飞机姿态和位置，而使用的是地球坐标系这样的固定系。

因此，必须采取某种方法将这两个坐标系（固定惯性系和机体坐标系）关联起来。为了做到这一点，飞机的姿态可以描述为 3 个连续的旋转，将这些旋转角度称为欧拉角[1]，此概念由 Leonhard Euler 为定义刚体在 3D 欧式（Euclidean）空间中的姿态而提出。

对于这个问题，旋转的顺序非常重要，因此使用了 3-2-1 欧拉角表示方法。这意味着：

（1）绕 z 轴旋转偏航角 ψ；

（2）作为第二步，绕 y 轴旋转俯仰角 θ；

（3）绕 x 轴旋转滚转角 ϕ。

由此，就可以将相对固定参考坐标系的飞行速度分量与机体系下的速度分量关联起来：

$$\begin{bmatrix} \dfrac{\mathrm{d}x}{\mathrm{d}t} \\ \dfrac{\mathrm{d}y}{\mathrm{d}t} \\ \dfrac{\mathrm{d}z}{\mathrm{d}t} \end{bmatrix} = \begin{bmatrix} \cos\theta\cos\psi & \sin\phi\sin\theta\cos\psi - \cos\phi\sin\psi & \cos\phi\sin\theta\cos\psi - \sin\phi\sin\psi \\ \cos\theta\sin\psi & \sin\phi\sin\theta\sin\psi + \cos\phi\cos\psi & \cos\phi\sin\theta\sin\psi - \sin\phi\cos\psi \\ -\sin\theta & \sin\phi\cos\theta & \cos\phi\cos\theta \end{bmatrix} \begin{bmatrix} u \\ v \\ w \end{bmatrix}$$

$$(2.25)$$

式中：u、v 和 w 为机体系下的速度分量；$\dfrac{\mathrm{d}x}{\mathrm{d}t}$、$\dfrac{\mathrm{d}y}{\mathrm{d}t}$ 和 $\dfrac{\mathrm{d}z}{\mathrm{d}t}$ 为固定惯性系的速度分量；θ、ψ 和 ϕ 为欧拉角。

反过来，通过欧拉角，角速率（或者角速度）p、q 和 r 可以与欧拉角变化率 $\dot{\theta}$、$\dot{\psi}$ 和 $\dot{\phi}$ 相关联（图 2.3）：

$$\begin{bmatrix} p \\ q \\ r \end{bmatrix} = \begin{bmatrix} 1 & 0 & -\sin\theta \\ 0 & \cos\phi & \cos\theta\sin\phi \\ 0 & -\sin\phi & \cos\theta\cos\phi \end{bmatrix} \begin{bmatrix} \dot{\phi} \\ \dot{\theta} \\ \dot{\psi} \end{bmatrix} \qquad (2.26a)$$

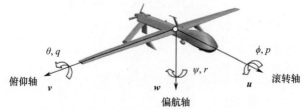

图 2.3 无人机的欧拉角、速度分量和角速度

或者

$$\begin{bmatrix} \dot{\phi} \\ \dot{\theta} \\ \dot{\psi} \end{bmatrix} = \begin{bmatrix} 1 & \sin\phi\tan\theta & \cos\phi\tan\theta \\ 0 & \cos\phi & -\sin\phi \\ 0 & \sin\phi\sec\theta & \cos\phi\sec\theta \end{bmatrix} \begin{bmatrix} p \\ q \\ r \end{bmatrix} \qquad (2.26b)$$

2.3 小扰动理论

小扰动理论是一种用于对非线性方程进行线性化的方法。通过这一数学方法，能够对那些不能准确求解的问题，找到近似解决的方法。

以上 6 个飞机运动方程[①]都是非线性的，为了求解飞机运动问题，必须进行线

---

① 即式（2.66）和式（2.24）。

性化，为此必须使用小扰动理论。首先，为了应用该方法，假定飞机的运动是由稳定飞行条件下的小扰动构成[1]。然后，基于以上理论，将小扰动项添加到稳定状态：

$$\begin{cases} u = u_0 + \Delta u \\ v = v_0 + \Delta v \\ w = w_0 + \Delta w \end{cases}, \quad \begin{cases} p = p_0 + \Delta p \\ q = q_0 + \Delta q \\ r = r_0 + \Delta r \end{cases}, \quad \begin{cases} \theta = \theta_0 + \Delta\theta \\ \phi = \phi_0 + \Delta\phi \\ \psi = \psi_0 + \Delta\psi \end{cases} \quad (2.27)$$

假定参考飞行条件是对称的，推力保持恒定，考虑 x 轴时，由于其与飞机速度矢量的方向保持一致，那么扰动状态变为

$$\begin{cases} u = u_0 + \Delta u \\ v = \Delta v \\ w = \Delta w \end{cases}, \quad \begin{cases} p = \Delta p \\ q = \Delta q \\ r = \Delta r \end{cases}, \quad \begin{cases} \theta = \theta_0 + \Delta\theta \\ \phi = \Delta\phi \\ \psi = \Delta\psi \end{cases} \quad (2.28)$$

式中：u、v 和 w 是在 x、y 和 z 方向的速度分量；p、q 和 r 是绕 x、y 和 z 轴的角速度，同时 θ、ϕ 和 ψ 是俯仰、滚转和偏航角。下标 0 表示稳定状态，这里 Δ 表示扰动。

现在，以处理 x 方向的力学方程作为示例：

$$F_x = X = m(\dot{u} + qw - rv) \quad (2.29)$$

将所有的状态替换为扰动量：

$$X_0 + \Delta X = m(\Delta\dot{u} + \Delta q\Delta w - \Delta r\Delta v) \quad (2.30)$$

在水平飞行状态，没有加速度，因此，$X_0 = 0$。与此同时，假如阶次 $(\Delta q)\varepsilon$，$(\Delta w)\varepsilon$，$(\Delta r)\varepsilon$，$(\Delta v) = \varepsilon$，忽略 ε^2 高阶项，因此：

$$\Delta X = m(\Delta\dot{u}) \quad (2.31)$$

在所有 6 个飞机运动方程中，按照相同的方法，可以得到如下线性化后的方程：

$$\frac{1}{m}\begin{bmatrix} \Delta X \\ \Delta Y \\ \Delta Z \end{bmatrix} = \begin{bmatrix} \Delta\dot{u} \\ \Delta\dot{v} - \Delta r u_0 \\ \Delta\dot{w} - \Delta q u_0 \end{bmatrix} \quad (2.32)$$

$$\frac{1}{m}\begin{bmatrix} \Delta L \\ \Delta M \\ \Delta N \end{bmatrix} = \begin{bmatrix} I_{xx}\dot{p} + I_{zz}\dot{r} \\ I_{yy}\dot{q} \\ I_{zz}\dot{r} + I_{xx}\dot{p} \end{bmatrix} \quad (2.33)$$

除此之外，ΔX 可以用各扰动变量项，以泰勒序列的形式表达为

$$\Delta X = \frac{\partial X}{\partial u}\Delta u + \frac{\partial X}{\partial w}\Delta w + \frac{\partial X}{\partial \delta_e}\Delta\delta_e + \frac{\partial X}{\partial \delta_T}\Delta\delta_T \quad (2.34)$$

式中：$\Delta\delta_e$、$\Delta\delta_T$ 为控制相关项，分别表示升降舵的偏转和推力的变化。那么，这可以建立如下关联：

$$m(\Delta\dot{u}) = \frac{\partial X}{\partial u}\Delta u + \frac{\partial X}{\partial w}\Delta w + \frac{\partial X}{\partial \delta_e}\Delta\delta_e + \frac{\partial X}{\partial \delta_T}\Delta\delta_T \quad (2.35)$$

如果对所有 6 个线性化的方程建立相同类型的联立，之后，在此假设下，进行必要简化，得到飞机的纵向和横侧向运动方程，这也是小扰动理论的结果。想要更多地学习这种方法，可以参考文献 [1, 2]。

2.4　运动线性方程

在本节，首先给出状态空间形式的飞机运动线性方程，然后依据 Zagi 无人机的参数重写方程。Zagi 无人机是一种飞翼布局的无线电遥控飞机[3]，在无人机爱好者中非常流行。

这里，有必要指出的是，我们主要根据参考文献 [3-5] 来获取稳态微分量的标量，由此得到稳定系数。因此，我们认为这些值是真实的，并按照惯例予以采用。必要时，做出一些小的修正，比如改变初始条件。

2.4.1　通用方程

飞机纵向运动线性方程可以写成如下状态空间形式：

$$
\begin{bmatrix} \Delta \dot{u} \\ \Delta \dot{w} \\ \Delta \dot{q} \\ \Delta \dot{\theta} \end{bmatrix} = \begin{bmatrix} X_u & X_w & 0 & -g \\ Z_u & Z_w & u_0 & 0 \\ M_u + M_{\dot{w}} Z_u & M_w + M_{\dot{w}} Z_w & M_q + M_w u_0 & 0 \\ 0 & 0 & 1 & 0 \end{bmatrix} \begin{bmatrix} \Delta u \\ \Delta w \\ \Delta q \\ \Delta \theta \end{bmatrix} +
$$

$$
\begin{bmatrix} X_{\delta_e} & X_{\delta_T} \\ Z_{\delta_e} & Z_{\delta_T} \\ M_{\delta_e} + M_{\dot{w}} Z_{\delta_e} & M_{\delta_T} + M_{\dot{w}} Z_{\delta_T} \\ 0 & 0 \end{bmatrix} \begin{bmatrix} \Delta \delta_e \\ \Delta \delta_T \end{bmatrix}
\tag{2.36a}
$$

类似地，可以得到横侧向运动方程如下：

$$
\begin{bmatrix} \Delta \dot{v} \\ \Delta \dot{p} \\ \Delta \dot{r} \\ \Delta \dot{\phi} \end{bmatrix} = \begin{bmatrix} Y_v & Y_p & -(u_0 - Y_r) & g\cos(\theta_0) \\ L_v & L_p & L_r & 0 \\ N_v & N_p & N_r & 0 \\ 0 & 1 & 0 & 0 \end{bmatrix} \begin{bmatrix} \Delta v \\ \Delta p \\ \Delta r \\ \Delta \phi \end{bmatrix} + \begin{bmatrix} 0 & Y_{\delta_r} \\ L_{\delta_a} & L_{\delta_r} \\ N_{\delta_a} & N_{\delta_r} \\ 0 & 0 \end{bmatrix} \begin{bmatrix} \Delta \delta_a \\ \Delta \delta_r \end{bmatrix}
\tag{2.36b}
$$

式中：$\Delta \delta_e$、$\Delta \delta_a$ 和 $\Delta \delta_r$ 分别为升降舵、副翼和方向舵偏转量；$\Delta \delta_T$ 为推力的变化量；X_u、$Z_u \cdots Z_{\delta_e} \cdots Y_r$、$L_r \cdots L_{\delta_a} \cdots$ 分别为稳定性微分量。

2.4.2　Zagi 无人机的特性

选取 Zagi 无人机作为试验平台，因此，在本书的后续部分，提出的方法均采用该无人机（图 2.4）的动力学特性和特征。

图 2.4　Brigham Young 大学学生所使用的 Zagi 无人机[4]

表 2.1 中，m 是质量，S 是机翼面积，b 是翼展长度，$\bar{c}$ 是平均气动弦长，J 是飞机的飞机惯性矩阵。稳定性微分量所需的 Zagi 无人机稳定性系数见表 2.2。

表 2.1　Zagi 无人机的规格参数[3]

m	1.56kg
S	0.2589m^2
b	1.4224m
$\bar{c}$	0.3302m
$J = \begin{pmatrix} 0.1147 & 0 & -0.0015 \\ 0 & 0.0576 & 0 \\ -0.0015 & 0 & 0.1712 \end{pmatrix}$ kg·m^2	

表 2.2　Zagi 无人机的稳定性系数[3]

纵向系数	横侧向系数
$C_{L_0} = 0.28$	$C_{Y_0} = 0$
$C_{D_0} = 0.03$	$C_{l_0} = 0$
$C_{m_0} = 0$	$C_{n_0} = 0$
$C_{L_\alpha} = 3.45$	$C_{Y_\beta} = -0.98$
$C_{D_\alpha} = 0.30$	$C_{l_\beta} = -0.12$
$C_{m_\alpha} = -0.38$	$C_{n_\beta} = 0.25$
$C_{L_q} = 0$	$C_{Y_p} = 0$
$C_{D_q} = 0$	$C_{l_p} = -0.26$
$C_{m_q} = -3.6$	$C_{n_p} = 0.022$
$C_{L_{\delta_e}} = -0.36$	$C_{Y_r} = 0$
$C_{D_{\delta_e}} = 0$	$C_{l_r} = 0.14$
$C_{m_{\delta_e}} = 0.5$	$C_{n_r} = -0.35$

（续）

纵向系数	横侧向系数
	$C_{Y_{\delta a}} = 0$
	$C_{l_{\delta a}} = 0.08$
	$C_{n_{\delta a}} = 0.06$
	$C_{Y_{\delta r}} = -0.17$
	$C_{l_{\delta r}} = 0.105$
	$C_{n_{\delta r}} = -0.032$

2.4.3 Zagi 无人机运动线性方程

最后一步，根据表2.1、表2.2，以及文献［5］中相关方程，针对Zagi 无人机计算得到的稳定性微分量，代入到线性化后的横侧向和纵向运动方程中。但是，在此之前，需对方程进行一些改动，加入观测无人机的高度，并且使用侧滑角代替右舷速度分量 v，具体改动公式如下：

$$
\begin{bmatrix} \Delta\dot{u} \\ \Delta\dot{w} \\ \Delta\dot{q} \\ \Delta\dot{\theta} \\ \Delta\dot{h} \end{bmatrix} = \begin{bmatrix} X_u & X_w & 0 & -g & 0 \\ Z_u & Z_w & u_0 & 0 & 0 \\ M_u + M_{\dot{w}}Z_u & M_w + M_{\dot{w}}Z_w & M_q + M_w u_0 & 0 & 0 \\ 0 & 0 & 1 & 0 & 0 \\ 0 & -1 & 0 & u_0 & 0 \end{bmatrix} \begin{bmatrix} \Delta u \\ \Delta w \\ \Delta q \\ \Delta\theta \\ \Delta h \end{bmatrix} +
$$

$$
\begin{bmatrix} X_{\delta_e} & X_{\delta_T} \\ Z_{\delta_e} & Z_{\delta_T} \\ M_{\delta_e} + M_{\dot{w}}Z_{\delta_e} & M_{\delta_T} + M_{\dot{w}}Z_{\delta_T} \\ 0 & 0 \\ 0 & 0 \end{bmatrix} \begin{bmatrix} \Delta\delta_e \\ \Delta\delta_T \end{bmatrix} \tag{2.37a}
$$

$$
\begin{bmatrix} \Delta\dot{\beta} \\ \Delta\dot{p} \\ \Delta\dot{r} \\ \Delta\dot{\phi} \end{bmatrix} = \begin{bmatrix} \dfrac{Y_\beta}{u_0} & \dfrac{Y_p}{u_0} & -\dfrac{(u_0 - Y_r)}{u_0} & \dfrac{g\cos(\theta_0)}{u_0} \\ L_\beta & L_p & L_r & 0 \\ N_\beta & N_p & N_r & 0 \\ 0 & 1 & 0 & 0 \end{bmatrix} \begin{bmatrix} \Delta\beta \\ \Delta w \\ \Delta q \\ \Delta\theta \end{bmatrix} + \begin{bmatrix} 0 & \dfrac{Y_{\delta_r}}{u_0} \\ L_{\delta_a} & L_{\delta_r} \\ N_{\delta_a} & N_{\delta_r} \\ 0 & 0 \end{bmatrix} \begin{bmatrix} \Delta\delta_a \\ \Delta\delta_r \end{bmatrix} \tag{2.37b}
$$

式中：h 为飞机的高度；β 为侧滑角。因此，将计算得到的标量代入到这些方程中，Zagi 无人机的具体方程变为

$$
\begin{bmatrix} \Delta \dot{u} \\ \Delta \dot{w} \\ \Delta \dot{q} \\ \Delta \dot{\theta} \\ \Delta \dot{h} \end{bmatrix} = \begin{bmatrix} -0.3356 & 1.3181 & 0 & -9.80665 & 0 \\ -1.7916 & -3.9003 & 9.8215 & 0 & 0 \\ 0.702 & -3.5375 & -11.392 & 0 & 0 \\ 0 & 0 & 1 & 0 & 0 \\ 0 & -1 & 0 & 9.8215 & 0 \end{bmatrix} \begin{bmatrix} \Delta u \\ \Delta w \\ \Delta q \\ \Delta \theta \\ \Delta h \end{bmatrix} +
$$

$$
\begin{bmatrix} -0.7436 & 6.8728 \\ 3.7855 & 0 \\ 47.917 & 0 \\ 0 & 0 \\ 0 & 0 \end{bmatrix} \begin{bmatrix} \Delta \delta_e \\ \Delta \delta_T \end{bmatrix} \tag{2.38a}
$$

$$
\begin{bmatrix} \Delta \dot{\beta} \\ \Delta \dot{p} \\ \Delta \dot{r} \\ \Delta \dot{\phi} \end{bmatrix} = \begin{bmatrix} -0.1069 & 0.1962 & -1 & 0.9984 \\ -1.2213 & -1.9155 & 1.0096 & 0 \\ 1.7255 & 0.0919 & -1.7198 & 0 \\ 0 & 1 & 0 & 0 \end{bmatrix} \begin{bmatrix} \Delta \beta \\ \Delta p \\ \Delta r \\ \Delta \phi \end{bmatrix} +
$$

$$
\begin{bmatrix} 0 & -0.1855 \\ 8.348 & 0 \\ 4.24 & -2.1272 \\ 0 & 0 \end{bmatrix} \begin{bmatrix} \Delta \delta_a \\ \Delta \delta_r \end{bmatrix} \tag{2.38b}
$$

需要注意的是，也可以联立方程，如下所示：

$$
\begin{bmatrix} \Delta \dot{u} \\ \Delta \dot{w} \\ \Delta \dot{q} \\ \Delta \dot{\theta} \\ \Delta \dot{h} \\ \Delta \dot{\beta} \\ \Delta \dot{p} \\ \Delta \dot{r} \\ \Delta \dot{\phi} \end{bmatrix} = \begin{bmatrix} -0.3356 & 1.3181 & 0 & -0.980665 & 0 & 0 & 0 & 0 & 0 \\ -1.7916 & -3.9003 & 9.8215 & 0 & 0 & 0 & 0 & 0 & 0 \\ 0.702 & -3.5375 & -11.392 & 0 & 0 & 0 & 0 & 0 & 0 \\ 0 & 0 & 1 & 0 & 0 & 0 & 0 & 0 & 0 \\ 0 & -1 & 0 & 9.8215 & 0 & 0 & 0 & 0 & 0 \\ 0 & 0 & 0 & 0 & 0 & -0.1069 & 0.1962 & -1 & 0.9984 \\ 0 & 0 & 0 & 0 & 0 & -1.2213 & -1.9155 & 1.0096 & 0 \\ 0 & 0 & 0 & 0 & 0 & 1.7255 & 0.0919 & -1.7098 & 0 \\ 0 & 0 & 0 & 0 & 0 & 0 & 1 & 0 & 0 \end{bmatrix}
$$

$$
\begin{bmatrix} \Delta u \\ \Delta w \\ \Delta q \\ \Delta \theta \\ \Delta h \\ \Delta \beta \\ \Delta w \\ \Delta q \\ \Delta \theta \end{bmatrix} + \begin{bmatrix} -0.7436 & 6.8728 & 0 & 0 \\ 3.7855 & 0 & 0 & 0 \\ 47.917 & 0 & 0 & 0 \\ 0 & 0 & 0 & 0 \\ 0 & 0 & 0 & 0 \\ 0 & 0 & 0 & -0.1855 \\ 0 & 0 & 8.348 & 0 \\ 0 & 0 & 4.24 & -2.1272 \\ 0 & 0 & 0 & 0 \end{bmatrix} \begin{bmatrix} \Delta \delta_e \\ \Delta \delta_T \\ \Delta \delta_a \\ \Delta \delta_r \end{bmatrix} \tag{2.39}
$$

考虑到状态空间的常规表达式为

$$\dot{X} = AX + BU \tag{2.40}$$

式中：A 为系统矩阵；B 为控制分配矩阵；U 为控制向量；X 为状态向量。每一个都可以写为

$$A = \begin{bmatrix} -0.3356 & 1.3181 & 0 & -0.980665 & 0 & 0 & 0 & 0 & 0 \\ -1.7916 & -3.9003 & 9.8215 & 0 & 0 & 0 & 0 & 0 & 0 \\ 0.702 & -3.5375 & -11.392 & 0 & 0 & 0 & 0 & 0 & 0 \\ 0 & 0 & 1 & 0 & 0 & 0 & 0 & 0 & 0 \\ 0 & -1 & 0 & 9.8215 & 0 & 0 & 0 & 0 & 0 \\ 0 & 0 & 0 & 0 & 0 & -0.1069 & 0.1962 & -1 & 0.9984 \\ 0 & 0 & 0 & 0 & 0 & -1.2213 & -1.9155 & 1.0096 & 0 \\ 0 & 0 & 0 & 0 & 0 & 1.7255 & 0.0919 & -1.7098 & 0 \\ 0 & 0 & 0 & 0 & 0 & 0 & 1 & 0 & 0 \end{bmatrix} \tag{2.41a}$$

$$B = \begin{bmatrix} -0.7436 & 6.8728 & 0 & 0 \\ 3.7855 & 0 & 0 & 0 \\ 47.917 & 0 & 0 & 0 \\ 0 & 0 & 0 & 0 \\ 0 & 0 & 0 & 0 \\ 0 & 0 & 0 & -0.1855 \\ 0 & 0 & 8.348 & 0 \\ 0 & 0 & 4.24 & -2.1272 \\ 0 & 0 & 0 & 0 \end{bmatrix} \tag{2.41b}$$

$$U = \begin{bmatrix} \Delta\delta_e \\ \Delta\delta_T \\ \Delta\delta_a \\ \Delta\delta_r \end{bmatrix} \tag{2.41c}$$

$$X = \begin{bmatrix} \Delta u & \Delta w & \Delta q & \Delta\theta & \Delta h & \Delta\beta & \Delta p & \Delta r & \Delta\phi \end{bmatrix}^T \tag{2.41d}$$

参考文献

1. Nelson RC (1998) Flight stability and automatic control, 2nd edn. WCB/McGraw-Hill, Boston
2. Yechout TR (2003) Introduction to aircraft flight mechanics. AIAA Education Series, Reston
3. Matthews JS (2006) Adaptive control of micro air vehicles. M.Sc. thesis, Department of

Electrical and Computer Engineering, Brigham Young University, Provo, UT, USA
4. Christiansen RS (2004) Design of an autopilot for small unmanned aerial vehicles. M.Sc. thesis, Brigham Young University, Provo, UT, USA
5. Vural Y (2007) Autopilot system design for a small unmanned aerial vehicle (in Turkish). M.Sc. thesis, Department of Aeronautical Engineering, Istanbul Technical University, Istanbul, Turkey

第3章　无人机导航系统

3.1　两种导航系统分类

导航系统可以分为如下两类[1]：

（1）航位推测（Dead Reckoning，DR）系统；

（2）定位系统。

目前，较为成熟的导航方式是将二者通过卡尔曼滤波器最优组合。

DR 导航系统通过运用飞行器的速度和方向数据，估计与起始位置的距离，进而确定飞行器的位置。这些导航系统是自主式的，并且独立于外部系统。一些常用的 DR 系统如下：

（1）惯性导航系统（Inertial Navigation System，INS）；

（2）多普勒/姿态参考系统；

（3）大气数据/姿态参考数据。

对于所有 DR 导航系统，其定位误差都会随时间而增加。因此，需要修正 DR 定位误差，并且采用可用定位系统的准确位置对系统进行更新。

定位系统这种导航系统通常位于航天器或者地球上，并且具有发射机。飞机上的接收机通过辅助计算机通过发送信号来确定其位置。

3.2　惯性导航

惯性导航系统利用飞行器的惯性作用，确定飞行器相对参考惯性系的运动和位置。

惯性导航系统具有相互垂直的 3 个加速度计和陀螺仪。惯性导航的实现是通过测量飞行器的加速度，并进行两次积分来求取速度和位置。因此，无须外部信号和数据，就能得到相对某一特定中心点的位置。加速度计用于获取相对特定参考坐标轴系统的加速度值。加速度是一个向量，具有幅度和方向。陀螺仪用于确定在惯性空间的特定坐标系统中加速度的方向。陀螺仪平衡环之间的角度叫作环间角，使用该角度确定欧拉角，欧拉角是指飞行器的角度朝向。

惯性导航系统具有如下的 3 个功能[2]：

（1）感知；

（2）计算；

（3）输出。

加速度计和陀螺仪提供感知功能。传感器获得加速度和角速度数据送到计算机，计算出速度、位置、朝向或姿态、高度，然后求得与目的地的距离。

如果由大气数据系统提供真实的空速，惯性导航系统就能计算出风的速度和方向。并发送到飞行控制系统、发动机控制系统、目标传感器，以及与任务特征相关的控制显示单元。

目前，有两类惯性导航系统：

（1）平台式；

（2）解析式（捷联式）。

经典的平台式系统中，加速度计和陀螺仪与旋转机动相互隔离，比如飞机的角运动。因此，惯性导航系统设备相对于地球或惯性空间稳定地保持一个特定的方向。这种情况简化了速度和位置计算，并降低了对陀螺仪的要求，否则，陀螺仪就得测量大旋转率。

在捷联式系统中，测量得到相对于机体坐标轴系统的加速度和欧拉角，与一个转换矩阵相乘，然后转换到主坐标轴系统中。这一过程要求计算机运算非常快，所以这一系统在 20 世纪 80 年代后才得到应用。角度测量和坐标轴转换这些过程都必须由计算机快速完成。捷联式系统还需要环架、动力等。

通常来讲，惯性导航系统是机上自带系统，具有很高的短期稳定性，并不受干扰影响。惯性导航系统是一个孤立的导航系统，使用运动传感器连续地跟踪飞行器的位置、朝向和速度[3]。

惯性导航系统的主要优势和不足如下所述[3]。

惯性导航系统相比其他导航系统具有很多优势：

（1）位置和速度数据具备实时性和持续性，很容易获得高数据率和带宽；

（2）由于设备基于加速度和角度变化测量值，具有良好的自主性，系统并不传播发散，也不受控于其他系统；

（3）在不需要地面站的情况下，可以提供所有纬度和气象条件下的空中导航数据；

（4）获取得到位置、总速度、方位角、垂直速度和高度数据。

惯性导航系统的不足包括：

（1）位置和速度数据在超过一定时间后变坏，这在移动和静止状态下都是如此；

（2）设备比较昂贵；

（3）必须进行初始对准（一开始必须在系统中输入位置），所以，需要参考位置数据，对于移动中的飞行器，设置有难度；

（4）导航数据的准确性与飞行器的机动动作相关。

由于加速度计和陀螺仪的特点，速度和位置数据随时间变坏。与此同时，系统误差随时间缓慢的积累，并且误差是无限的。除非对误差进行了修正，否则惯性误差会显著增大，导致系统不可靠。因此，惯性导航系统必须与其他导航系统联合使用，以限制和减少误差。

3.3　惯性测量组件

惯性导航系统包含一组惯性测量组件（Inertial Measurement Unit，IMU），组件包括在 3 个轴上所有的加速度计和陀螺仪，测量具有六自由度（6DOF）飞行器上的线性加速度和角速度。通过处理来自这些传感器上的信号，跟踪飞行器的位置和方向。

飞行器的力和转动速率的测量值是惯性导航系统的基础，这些测量值可以从组成 IMU 的三轴陀螺和加速度计处获得。近年来，微电子机械系统（MEMS）方面取得的进步，使得低成本惯性传感器的生产成为可能。因此，这些传感器的应用领域迅速扩展到无人机产业当中。

惯性传感器抗干扰、不辐射和自治，因此它们不受任何外部因素干扰，且不影响周围的任何东西。但是，可能会损坏有用数据，即使应用在无人机上的是最高质量的 MEMS 惯性传感器，也不能避免。忽略惯性传感器的误差来源，不管是内部机械缺陷、电子误差还是其他原因引起，结果是这些设备的显示输出中存在误差。对于陀螺仪，主要的误差是测量得到的角速率。对于加速度计，主要的误差是测量得到的加速度[4]。对于这两种仪器，最大的误差通常是偏差的不稳定性（对于陀螺偏差漂移以°/h 作为测量单位，对于加速度计偏差以 μg 作为测量单位）和比例因子的稳定性（通常以敏感到惯性量的百万分率（$\times 10^{-6}$）进行计量）[5]。

3.3.1　速率陀螺

速率陀螺测量角速度，这与自由陀螺测量姿态角形成对比。速率陀螺敏感飞行器相对于惯性空间的角速率[6]。这些速率分量是飞行器相对地球的角速率 ω_{nb}，由于其沿球形地球移动的角速率 ω_{eb} 以及地球自身的角速率 ω_{ie}。这些角速率的向量和 ω_{ib} 由式（3.1）给出：

$$\omega_{ib}^b = \omega_{ie}^b + \omega_{en}^b + \omega_{nb}^b \tag{3.1}$$

如今，IMU 系统中，共有 3 种类型的陀螺技术：

（1）环形激光陀螺（RLG）；

（2）光纤陀螺（FOG）；

（3）MEMS。

最先进的 RLG 传感器是单自由度传感器，需要 3 个机械结构以实现惯性导航系统。一个单自由度的 RLG 如图 3.1 所示。图中展示了三角形形式的 RLG。陀螺包含一个激光器作为光源，在传播路径上的每一个传播拐角处，都有封闭的腔室和反光镜，以及一个干涉仪/光电探测器。陀螺运行时，基于光学和电子现象而不是机械现象[6, 7]。

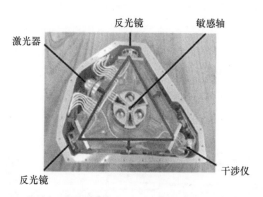

图 3.1　环形激光陀螺

萨格纳克（Sagnac）效应能够造成在一定转动速率作为诱因时，致使同一个环路内沿相反方向循行的光束，在时间上具有微小的差异。在沿相反方向传播的光束之间，会在频率上发生小的区分。可以引入两种主要的模式：环路内的固定波形图和环路外两个光束发生干涉时的跳动图。干涉图的最大相位随着飞机上环路所在单元的转动而变化。在每一个缓慢的转动率上，RLG 都可能具有"锁定"情况。然而在大多数情况下，它们相比机械陀螺更为准确。除此之外，在环形激光几乎不旋转的情况下，反向传播的激光模式的频率变得更加接近，并且几乎一致。

另一方面，FOG 是一种快速发展的陀螺技术。FOG 相比 RLG，在运行时不需要高频的机械振动，并因此消除了棘手的噪声源。由于 FOG 并不需要激光器等离子体所需的高电压，减少了电力消耗，同时，由于不采用激光二极管作为光源，而是由被动光学组件组成，从而相比其他现有的可用技术，能够获得非常高的可靠性[6]。

作为一种"单凭经验的方法"，将偏差稳定性为 0.01°/h 的陀螺仪装置到 INS 中，在运行过程中，其导航误差增长率为 1n mile/h[8]。固态的传感器，比如 MEMS 设备，具有潜在的显著成本、尺寸和重量优势。MEMS 和干涉测量 FOG（IFOG）技术有希望取代许多当前使用 RLG 和机械装置的系统。MEMS 传感器的性能正在持续提高，当前已经被应用到无人机上。MEMS 的使用使得低成本、高可靠、小尺寸和质量轻的惯性传感器正被集成到系统中。

3.3.2 加速度计

加速度计是测量沿敏感轴的加速度值的设备。可以通过机载计算机对加速度的测量值进行积分得到无人机的速度和位置。所有的加速度计原理都是通过敏感松散悬挂的质量块上的力，从而计算得到加速度。相比陀螺，加速度计是更为成熟的技术。加速度计将加速度值转换为电子信号。

可以通过使用加速度计测量得到加速度。动态加速度是由重力之外的作用力在刚体上产生的作用，静态加速度（重力加速度）是由重力引起的。加速度计的输出可以是模拟量或者数字量。在模拟量输出的情况下，输出的电压值直接与加速度值成比例。另一方面，数字加速度计的输出可以通过使用串行接口协议直接得到[9]。加速度计的原理如图 3.2 所示。

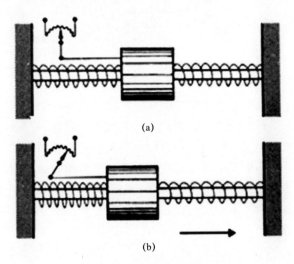

(a)

(b)

图 3.2 加速度计的原理
(a) 不具有加速度；(b) 具有加速度。

假如机体沿图 3.2 所示的方向进行加速，质量块相对由条棒通过弹簧支撑的设备位移量能够被记录下来。位移量与在敏感轴上测量得到的加速度值成比例。质量块的位移量产生一个电子信号。由此，可以使用电位计和自平衡电容。

加速度计对无人机的惯性动态加速度 a_i 敏感，但是对重力加速度不敏感。重力场向量 $\boldsymbol{g}_m$ 是指吸引质量块到地球的加速度值，在确定总加速度时应该考虑该值。因此，可采用式（3.2）确定加速度值：

$$a = a_i - g_m \tag{3.2}$$

3.4　大气数据系统

　　所有跟飞行性能相关的大气数据参数都是通过敏感环绕飞行器的压力、温度和气流方向获得的。需要使用自由流（Free-stream）的压力和温度对静态温度、高度、空速和马赫数[3]进行计算。

　　大气数据系统提供诸如压力、高度、垂直速度、指示空速、真空速、马赫数、静态大气温度和空气密度比率等数值信息[1]。因此，该系统本身是一个关键的航电系统，并成为所有军用或民用现代飞机航电子系统关键核心的部分。本节将对大气数据系统进行简短的介绍。

3.4.1　大气数据测量值

　　大气数据数值，比如压力、高度、垂直速度、校正空速、真空速、真实马赫数等，都通过以下 3 个基本的测量值得到，这些测量值由连接到探针的传感器测量得到[1]：

　　（1）总（空速管）压力；
　　（2）静态压力；
　　（3）总（或指示）大气温度。
　　基本的大气数据系统原理如图 3.3 所示。

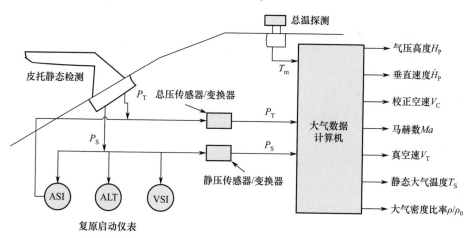

图 3.3　基本大气数据系统

　　总压 P_T 通过使用连接到皮托管绝对压力传感器测量得到，皮托管面对移动气流。测量的是移动气流相对皮托管施加的冲击压力 Q_C 与自由气流相对皮托管的静压 P_S 之和：

$$P_T = Q_C + P_S \tag{3.3}$$

自由气流的静压 P_S 采用绝对压力传感器进行测量。传感器与一个合适的孔板相连，该孔板所处的位置表面压力与周围大气的压力几乎相同[1]。

高性能的军用飞机和无人机通常具有一个组合的皮托管和静态检测装置，在飞机的前端延伸出来，从而能尽可能地远离由于飞机结构引起的气动干扰效果和冲击波，具有实用效果。一些民用运输飞机通常具有皮托探测装置，以及一些处于机体的分立静态压力孔板，通常位于飞机前端和机翼中间的某些位置。静态压力孔板（和皮托管或者探测器）的准确位置根据经验和实验确定。

根据静压和总压的测量值，能够得到下述量值[1]。

（1）气压高度 H_P：该值由静压 P_S，在假定"标准大气"下测量得到。

（2）垂直速度 $\dot{H}_P$：该值主要通过对 P_S 进行差分得到。

（3）校正空速 V_C：该值直接由冲击压力 Q_C 得到，Q_C 由总压和静压之间的差值得到（$Q_C = P_T - P_S$）。

（4）马赫数 Ma：该值是真空速 V_T 与当地的声速 A 的比值，也就是说 $Ma = V_T/A$，该值直接由总压与静压的比值 P_T/P_S 得到（真空速定义为飞机相对于空气的速度）。

大气数据计算过程的流程图，在文献［1］中有详细介绍，在图3.4中给出。

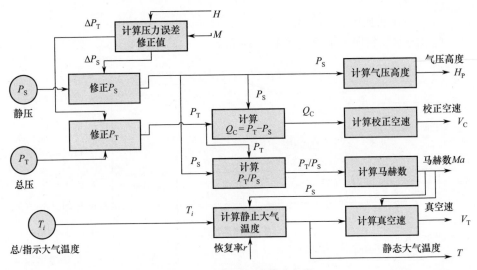

图3.4　大气数据计算流程图

3.4.2　真空速分量的推导

从大气数据系统得到真空速 V_T、攻角 α，以及侧滑角 β。使用这些数据，可以得到真空速的 z、y 和 z 分量[10]。

$$V_T = \sqrt{v_x^2 + v_y^2 + v_z^2} \tag{3.4}$$

$$\alpha = \arctan\left(-\frac{V_z}{V_x}\right) \tag{3.5}$$

$$\beta = \arcsin\left(\frac{V_y}{V_T}\right) \tag{3.6}$$

其中：

$$V_x = V_T\cos\alpha\cos\beta$$
$$V_y = V_T\sin\beta \tag{3.7}$$
$$V_z = -V_T\sin\alpha\cos\beta$$

这些速度都是参照飞机参考系得到。稍后，这些坐标能够转换到基于大地的参考坐标系供导航使用。

3.5　地面雷达

地面雷达站用于无人机飞行过程中的视距测量，通常包括无人机和地面雷达站之间的距离、俯仰角和方位角。图 3.5 所示为这些导航参数在笛卡儿坐标系中的几何说明。

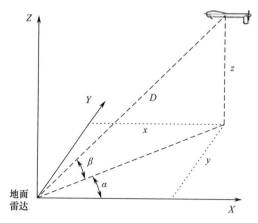

图 3.5　无人机的距离、海拔和方位观测

无人机与地面雷达站的距离（D）、攻角（α）和侧滑角（β）由无人机在笛卡儿位置坐标系中的位置（x, y, z）表达为

$$D = \sqrt{x^2 + y^2 + z^2} \tag{3.8}$$

$$\alpha = \arctan^{-1}\left(\frac{y}{x}\right) \tag{3.9}$$

$$\beta = \arctan^{-1}\left(\frac{z}{\sqrt{x^2 + y^2}}\right) \tag{3.10}$$

在地面雷达系统中，使用的方法同时用到了角度和距离的测量值[11]。通常

在雷达系统中采用组合的角度/范围测量方法确定无人机的距离 D、方位角 α 和俯仰角 β。当使用这种方法时，无人机的坐标由球面状态（D 为常数）、锥面（β 为常数）、垂面交点（α 为常数）确定。该方法通过单点（地面站）确定无人机的坐标，不需要复杂的计算。式（3.11）用于计算无人机的笛卡儿坐标。

$$\begin{cases} x = D\cos\beta\cos\alpha \\ y = D\cos\beta\sin\alpha \\ z = D\sin\beta \end{cases} \tag{3.11}$$

距离、方位角和俯仰角都由雷达测量值确定。一个独立的雷达站就足以使用这种方法。角度/距离组合的方法的优势为：

（1）只需要一个站来测量坐标；

（2）简单的计算得到坐标值；

（3）这种方法能够在所有的测量区间中提供所需要的精度；

（4）系统中的数据处理很简单。

角度/距离组合方法的不足为：

（1）为了测量坐标，需要一个站；

（2）无人机坐标测量值的精度随着距离地面雷达的距离增加而降低。

3.6　高度测量值

3.6.1　飞行高度类型

高度计是测量飞机在地球上飞行高度的设备。在飞行过程中考虑 3 种高度：

（1）绝对高度——相对于海平面的飞行高度；

（2）相对高度——相对于起飞或者着陆地点的飞行高度；

（3）真实高度——相对于飞行区域的高度。

对于高度的描述如图 3.6 所示。

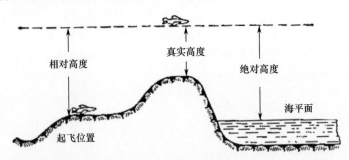

图 3.6　飞行高度类型

设定飞行航线的空中通道以及飞机和发动机的飞行测试需要使用绝对高度的

数值。

为了起飞和着陆，必须使用相对高度。

任意飞行状态下都需要真实高度。

3.6.2　无线电高度表

利用无线电技术测量飞行高度的方法取决于从飞机到地球路径上无线电传播的时间[3]。飞机上安装两个天线：发射机天线 A1 和接收机天线 A2。天线通常置于飞机机翼上（图 3.7a）。

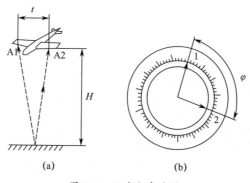

图 3.7　无线电高度计

发射机天线 A1 发出无线电电波，当它们达到地球表面时被发射回来。飞机的接收机天线 A2 接收到其中的一些反射回波。信号发射到地球和信号返回之间的持续时间由式（3.12）确定：

$$t_1 = \frac{2H}{c} \tag{3.12}$$

式中：H 为飞行高度；$c = 3 \times 10^8 \, \text{m/s}$ 为无线电信号的传播速度。

使用发射机发射信号和反射信号，两个信号的接收时间测量无线电信号的传播时间。第一个信号在经过 $t_2 = l/c$ 时间后到达接收机天线，第二个在经历时间 $t_1 = \frac{2H}{c}$。此时，飞行的真实高度为

$$H = \frac{c\tau + l}{2} \tag{3.13}$$

式中：$\tau = t_1 - t_2$，l 为发射机和接收机天线之间的距离。

式（3.13）用于稳定无线电高度计或具有脉冲遥传的无线电高度计。

当测量高海拔时（$H \geqslant 1500\text{m}$），传输的信号功率显著降低，因此，对于这种高度，必须在遥传稳定之后，再运行脉冲遥传。

高度计的接收机采用来自飞机和地球的反射脉冲，在对脉冲增强之后，

传递到电子枪（图3.7（b）），波束以角速度ω进行圆周运动，找到屏幕上的第一个脉冲和反射的第二个脉冲。使用式（3.14）计算两个脉冲之间的角度φ（图3.7（b））：

$$\varphi = \omega\tau = \frac{2H\omega}{c} \tag{3.14}$$

为了增加测量精度，必须增加波束的角速度ω。在这种情况下，设备的整个指针高度必须与测量间隔相适应。

3.6.3 气压高度计

对于在较低高度飞行的空中的飞行器，持续提供准确的高度信息非常重要。出于这个目的，现在通常使用气压高度计。气压高度计可以测量大气压力数值，根据高度与大气数据之间的关系，比如压力和温度，从而间接的计算得到高度。根据文献[12]，在直线平飞阶段进行垂直高度测量，气压高度计是一款非常出色的传感器，能够提供短期的准确垂直高度信息。通常，在气压高度计安装的地方，使用飞行器起始位置的高度、温度和压力对气压高度计进行初始化。然而，随着时间流逝，以及飞机移动到其他地方，包围飞行器的大气特征发生改变，从而产生大的气压计误差[13]。为了解决这一问题，气压高度计必须辅以其他高度传感器，比如GPS、无线电高度计等。

通过气压高度计高度测量方程确定高度。假设大气是理想气体，并且温度梯度是高度的函数（比如，大气的下降率），那么高度可以用下面的表达式进行计算[14]：

$$h^B = \frac{T_0}{T_{\text{grad}}}\left[1 - \left(\frac{p}{p_0}\right)^{\frac{T_{\text{grad}}R}{g}}\right] \tag{3.15}$$

式中：h^B为气压高度；T_0为海平面温度；T_{grad}为下降率；p_0为海平面的气压；p为在高度h^B处测量到的气压；R为通用气体常熟；g为本地重力加速度。

大气压力随高度的变化如图3.8所示。

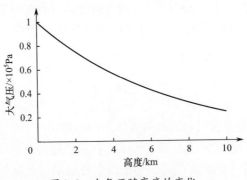

图3.8　大气压随高度的变化

此时，假设大气是理论上的标准大气，空气是理想气体，则测量到的气压转换成高度的方法见式（3.15）。更精确地讲，标准大气定义如下[15]：

（1）空气是理想气体，大气常数 $R = 287\mathrm{J/(Kg \cdot K)}$；

（2）海平面的压力为 $p_0 = 29.92\mathrm{inHg}$①；

（3）海平面的温度为 $T_0 = 15\mathrm{℃}$；

（4）温度梯度（下降率）为 $T_{\mathrm{grad}} = 0.0065\mathrm{℃/m}$。

海平面的气压 p_0 并不是保持不变的，而是随着时间和位置变化。因此，在实践中，海平面气压 p_0 并不恒定，随不同日期和位置发生变化。实际中，用于高度估计的 p_0 经过修正后，输入到高度计算。这个 p_0 数值看作设定高度。

气压高度计测量值的主要误差来自于大气温度和气压建立模型与真实数据之间的误差。对于独立的气压测定法，高度误差达到几百米。对于差分气压计，误差随着与参考站的距离和校正数据的时限增长[16]。

3.7　地速和偏航角的多普勒（Doppler）方法测定

多普勒雷达提供飞机的地速测量值。此外，速度向量 W 和其在 x 轴方向的分量 W_x 之间的偏航角也可以使用多普勒方法进行测量。多普勒雷达发射窄波束的微波到地面，然后测量反射信号与发射信号之间的频差，这个频差是由于飞机与地面之间的相对运动造成的。

地速（W）和偏航角（β）可以通过使用多普勒方法进行测量。该方法取决于发射的给定频率信号以及接收到的改变了频率的信号。改变的频率与飞行速度相关。由多普勒效应造成的频率变化，由速度单元中的一个设备进行校正。

假如发射机和接收机系统所在的飞机具有 W 的总速。频率为 f 的无线电信号被发射机发射，到达地球表面后发生反射，并被飞机接收到。

由飞机接收机观测到的信号频率为 $f_1 = f + 2F_D$，此处 $F_D = (W/\lambda)\cos\gamma$ 是多普勒频移，λ 是波长，γ 是波束的入射角。

不准确的信号滤波和飞机的滚转角会造成这种方法误差的增大。比如，当 $\gamma = 70°$，以及滚转角为 1° 时，速度测量值的误差为 4.7%。下述各种补偿方法可用于降低误差[11]：

（1）根据地球的垂直轴进行天线的稳定；

（2）依据对滚转的分析考虑修正；

（3）多波束系统的应用。

前两个方法并不提供高精度的测量值。在由垂直对称的两个波束确定情况下，使用第三种方法，能够使速度的测量误差降低达 0.1%，约 1°。

---

① inHg 为英寸汞柱，此处 $p_0 = 760\mathrm{mmHg} = 101.325\mathrm{kPa}$。

在多普勒速度和偏航角测量设备中，使用四波束的天线（图3.9）。因此，通道（1-3）和通道（2-4）的多普勒频率之和分别为

$$\begin{cases} f_{d(1+3)} = 4\left(\dfrac{W}{\lambda}\right)\cos\gamma\cos(\theta+\beta) \\ f_{d(2+4)} = 4\left(\dfrac{W}{\lambda}\right)\cos\gamma\cos(\theta-\beta) \end{cases} \quad (3.16)$$

通过计算得到频率的和、差：

$$\begin{cases} f_{d(1+3)} + f_{d(2+4)} = k_1 W\cos\beta \\ f_{d(1+3)} - f_{d(2+4)} = k_2 W\sin\beta \end{cases} \quad (3.17)$$

式中：$k_1 = \left(\dfrac{8}{\lambda}\right)\cos\gamma\cos\theta$；$k_2 = \left(\dfrac{8}{\lambda}\right)\cos\gamma\sin\theta$。

总的飞行速度 W 和偏航角 β 由式（3.17）确定。

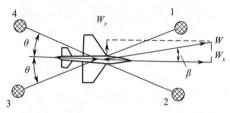

图3.9 多普勒速度测量值：具有4个波束的测量系统方案

当天线系统按照特定的偏航角进行旋转时，系统 2θ 角的平分线将在总飞行速度向量的方向上，此时偏航角等于0。此时公式为

$$\begin{cases} f_{d(1+3)} + f_{d(2+4)} = k_1 W \\ f_{d(1+3)} - f_{d(2+4)} = 0 \end{cases} \quad (3.18)$$

式中：第二个公式是偏差信号，这个信号用于自动确定 W 和 β 的方法中。

多普勒测量设备，对于速度的标准偏差是0.2%，偏航角是0.1%。

通常，多普勒传感器对地操作能够提供速度测量值的精度约为0.25%或者更高。在飞过水面的时候，性能会变差，这是由于糟糕的反射，反射信号的散射、波动、潮汐运动、水流，使得测量值偏差增大。然而，该导航辅助设备能够提供好的长期稳定性，并提供对由惯导系统提供位置和速度估计值进行约束的可能。

3.8 地磁测量值

地球的地磁场变化是惯性的，与地表和地核内的磁源有关。内部磁源变化是内核的长周期的变化，被称为长期变化。另一方面，太阳风磁暴耦合的交互变化是基于月、日和时的顺序，持续时间相对短的变化。地球的磁场与条形磁体的磁场类似，两个极近似位于旋转轴上。这就意味着地磁场水平分量的方向接近真北

向，由磁场传感器或者指南针确定的磁北向可以用作参考系[16]。真北向与磁北向之间的夹角并非常量，随地球上的观测地点以及时间缓慢变化，可以对其进行补偿。在地球表面上的任一点上地磁场方向，按照其相对真北方向的角度进行定义，这个角度被称为磁偏角，地磁方向与水平方向的夹角称作磁倾角。这些角度的说明见图 3.5。磁力计广泛应用于航空领域作为姿态确定设备。这些传感器提供了地磁场的方向和幅度，因此它们可以用于确定飞行器的姿态。此外，它们较低的质量和低功耗使它们很适合无人机应用。出于这些原因，大多数无人机都将磁力计作为其传感器组合的一部分。

　　在过去的 10 年中，由于无人机的成本和重量较低，其流行度显著地增长。这也促进了对更轻、更精确传感器的追求。在这样的情形下，由于三轴磁力计（Three-axis Magnetmeter，TAM）所具有的优势，比如能够提供持续可用的两轴姿态测量值，相对的低成本和低功耗需求，使其变得非常有吸引力（图 3.10）。

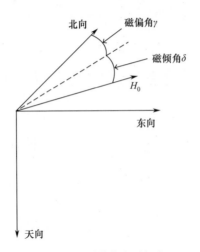

图 3.10　磁偏角和磁倾角

　　在本地磁场扰动的情况下，磁力计敏感地磁场（H_0）作用在敏感轴上的分量。可以将 TAM 安装到 UAV 上敏感地球磁力场沿其主轴（H_x，H_y，H_z）的分量。

　　相对本地坐标系，可以使用余弦矩阵 $\boldsymbol{C}_n^b$ 对 UAV 的姿态进行表达。地磁测量值与无人机姿态之间的关系可以写为

$$\begin{bmatrix} H_x \\ H_y \\ H_y \end{bmatrix} = \boldsymbol{C}_n^b \begin{bmatrix} H_0\cos\delta\cos\gamma \\ H_0\cos\delta\sin\gamma \\ H_0\sin\delta \end{bmatrix} \tag{3.19}$$

式中：δ 为磁倾角；γ 为磁偏角。如果磁倾角已知，也就是真北向和磁北向之间的夹角，可以由磁力计测量值对无人机的姿态进行估计。

在飞机上磁传感器安装的位置通常具有与地磁场不能区分开的磁场，因此需要对此影响进行补偿。为了估计地磁场向量的分量，从而准确确定无人机的姿态，故需要对磁力计进行精确的校正。

3.9 卫星导航

GPS 是由美国设计开发的全球导航定位系统。GPS 能够在任何天气状况、任何时间和任意地点提供可靠的地点和时间。系统共使用了 24 颗卫星。计算用户的位置需要 4 颗卫星，还有一些其他相似的系统在应用中或者应用规划中，比如GLONASS 系统（俄罗斯）和伽利略系统（欧盟）。

在 GPS 系统中，GPS 接收机选择最为可用的卫星获取测量值。系统提供两种服务，民用的标准定位系统（SPS）和军事用户的精确定位服务（PPS）。SPS 的精度量级是 10m，PPS 大约是 3m。

3.9.1 GPS 结构

GPS 由 3 部分组成：空间部分、控制部分和用户部分[3]。GPS 的结构如图 3.11所示。

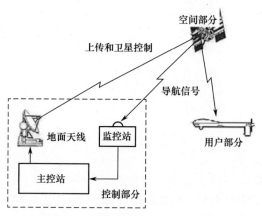

图 3.11 卫星无线电导航系统结构

美国空军开发、维护和操作空间与控制部分。GPS 卫星从空间广播信号，每一个 GPS 接收机使用这些信号计算其三维位置（纬度、径度和高度）以及当前时间。

空中部分由位于中地轨道上的 24 ~ 32 颗卫星组成，也包括发射它们进入轨道所需的推进器。控制部分由主控站、地面天线和监控站组成。在这里，用户部分指的是由无人机组成。

3.9.2　GPS 的基本概念

GPS 接收机通过精确测量由 GPS 卫星发出信号的时间计算其位置。每一个 GPS 卫星持续的发射消息，消息包括：

（1）消息发送的时间；

（2）卫星的精确轨道（星历）信息；

（3）常规的系统状态。

接收机利用其接收到的消息确定每一个消息的发射时间，并计算到每一个卫星的距离。这些距离包括卫星的位置，用于计算接收机的位置。这一位置由地理坐标系中的纬度、精度和高度确定。许多 GPS 单元给出根据位置变化推导出的信息，比如用户的方向和速度。

一个非常小的时钟误差是用户与卫星系统之间的离散时间长度，与卫星信号的传播速度，即光速相乘，将得到一个非常巨大的位置误差（钟差）。因此，接收机使用 4 颗或者更多的卫星来求解 4 个参数的方程式：钟差、接收机的位置，如纬度、精度和高度。

如今，卫星导航系统被应用于求解大多数无人机的导航问题。在这项技术中，目标的位置通常借助位置测量的方法（测量目标到 $n \geqslant 4$ 颗卫星的距离）（图 3.12）。

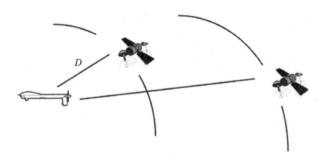

图 3.12　使用距离测量定位目标的方案

那么，目标的位置将位于半径等于所测量距离的球体表面的交点处，见文献 [3，11，17]。通过这种方法获得的由 $n \geqslant 4$ 个非线性方程组成的方程系统可以使用计算机采用迭代的方法进行求解。然而，前述的离散方程含有一项用户未知坐标之外的项，该项来自于用户和卫星系统的离散时间量[3,18]。在这种情况下，这一项和用户坐标通过 n 个不同球体未知表面（R 为常值）的交点确定。在一种简化的情形下，用户坐标和钟差可以通过求解下面的 4 个非线性代数方程得到：

$$(x_i - x)^2 + (y_i - y)^2 + (z_i - z)^2 = (D_i - \delta t)^2 \qquad (i = \bar{1}, \bar{4}) \quad (3.20)$$

式中：x_i、y_i 和 z_i 为第 i 颗卫星地心坐标系中的笛卡儿坐标；4 为卫星的最少数目；x、y 和 z 为目标（用户）在地心坐标系中的笛卡儿坐标；δt 为源于用户和卫星之间时差（钟差）的距离测量误差。

在使用 GPS 接收机的情况下，无人机现在能够很容易地应用到不同的环境中。这允许中空长航时（MALE）无人机和高空长航时（HALE）无人机在世界上任何地方使用。然而，在某些地方，通过干扰或者由于当地条件，GPS 接收机可能接收到微弱的信号。因此，仅仅依赖 GPS 可能会在无人机的导航中带来问题。为了克服这一问题，可以使用航位推测法。可以使用滤波器，比如卡尔曼滤波器、组合 GPS 和航位推测设备的测量值，从而获取更好的测量结果。

3.10　基于视觉的系统

视觉感知同样也能够提供位置估计的数据。这种类型的系统具有的视觉传感器，其优势在于能够敏感到真实的物理数据，从而可以以更便捷的方式理解结果。来自视觉传感器的数据也可以与来自 INS、GPS 和磁力计的数据进行组合，从而更利于操作人员理解。数字图像增强技术使得视觉传感器在小型无人机导航上的应用更加现实和简单。而且，采用昆虫仿生学方法是在视觉敏感的先进系统中的一种新方法。一种方法是采用新设计的人工复合昆虫眼睛，是指复制昆虫眼睛结构的一个系统。这种系统使用很多具有半球形形状的小型透镜。系统中的摄像头芯片由硬的和软的组合材料制成，允许伸展和弯曲，因此可以按照预期，像昆虫的眼睛那样动作[19-21]。

3.11　实时定位与地图构建　（SLAM）

SLAM 算法被用于地形辅助开发系统中的地图构建，使生成的地图为其他传感器提供帮助，有些被用于视觉传感器机器人系统中。采用立体视觉和视觉纹理追踪的视觉运动估计技术已经用于地面巡逻车上[22]。立体视觉和单目系统也应用于其他不同研究中[23]。该类型系统允许无人机在所有的环境中操作，包括面对 GPS 问题的环境。

3.12　测量故障分类和故障建模

故障可以理解为任意系统功能不可预料的变化，虽然其不能表示物理故障。这样的故障或功能失效妨碍或者干扰系统的正常运行，从而引起意外的性能恶化，甚至导致危险的情况[23]。

"故障是指系统至少一个典型特征从可接受、常用、标准情况下，出现了不允许的背离。"[24]

基于这一定义，故障指的是系统的反常行为，这一行为可能并不影响其总的功能，但是可能最终导致失效。

故障可能很小或者隐蔽，因此，难以检测、隔离和识别。

"失效是指在特定操作条件下执行所需功能的系统能力的永久中断。"[24]

由于一个或多个故障导致设备失效指的是结束了设备功能的事件。

在本书中，使用故障而不是失效来表示功能失常。失效的概念被当作系统部件或功能的完全崩溃，而故障的概念可以用于指示在当前可以接受的功能失常。故障必须尽早诊断，以阻止任何严重后果。

当测量数据偏离物理测量过程超过噪声不确定性时，就会发生传感器故障。偏差、噪声增量或者错误比例因数都被分类为传感器故障。可能的传感器故障如图 3.13 所示。

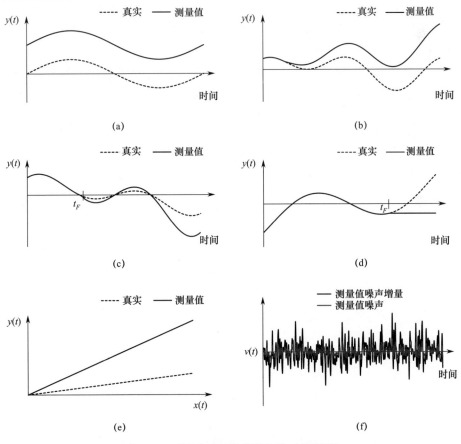

图 3.13　几种类型的传感器故障（见彩插）

(a) 传感器偏差；(b) 传感器漂移；(c) 精度丢失；
(d) 传感器冻结（发生在 t_F 时刻以后）；(e) 校正误差；(f) 噪声增量。

上述传感器故障的数学表达如下所示[25]：

$$y_i(t) = \begin{cases} x_i(t), \forall t \geq 0(没有故障) \\ x_i(t) + b_i, \dot{b}_i(t) = 0, \dot{b}_i(t_{F_i}) \neq 0(偏差) \\ x_i(t) + b_i(t), |b_i(t)| = c_i t, 0 < c_i \ll 1, \forall t \geq t_{F_i}(漂移) \\ x_i(t) + b_i(t), |b_i(t)| \leq \bar{b}_i t, \dot{b}_i(t) \in L^\infty, \forall t \geq t_{F_i}(丢失精度) \\ x_i(t_{F_i}), \forall t \geq t_{F_i}(传感器冻结) \\ k_i(t) x_i, 0 < k \leq k_i(t), \forall t \geq t_{F_i}(校正误差) \end{cases}$$

式中：t_{F_i}为发生在第i个传感器发生的故障；b_i为其精度系数，这样$b_i \in [-\bar{b}_i, \bar{b}_i]$，此处$\bar{b}_i > 0$。此外，像看到的那样，$k_i \in [\bar{k}_i, 1]$，此处$\bar{k}_i > 0$表示最小的传感器效应。除了被冻结的情形，如下通用的数学模型可以被表达为

$$y = K_m x + B \tag{3.21}$$

式中：K_m为正定的对角矩阵，其元素慢慢地在$[\bar{k}_i, 1]$之间变化；向量B的元素慢慢地在$[-\bar{b}_i, \bar{b}_i]$之间变化[26]。

假如参数是在测量值噪声增量的情况下被观测到，那么测量值方程可以用下面的形式表达：

$$y_i(t) = x_i(t) + \sigma_i(t) v_i(t) \tag{3.22}$$

式中：$v_i(t)$为随机测量噪声；$\sigma_i(t) > 1$为特征化了的测量噪声增量。这种类型的传感器故障表示在图3.13（f）中。对应传感器正常操作下的测量噪声在图中用红线表示，而测量值噪声增量以黑线形式表示。

举例来说，所有类型的加速度计和陀螺仪表现出偏差值、比例因子和未对准误差，以及一定程度的随机噪声[27]。偏差值是显示在测量结果中的很低误差。通常，加速度计和陀螺仪具有偏差误差，该误差与力和角速率相互独立。

比例因子误差是指偏离了惯性测量单元（IMU）的单位转换下仪表的输入输出梯度的一致性。由比例因子引起的加速度计输出误差与沿敏感周的真实具体力成比例，而由比例因子引起的陀螺仪输出误差与沿敏感周的真实角速率成比例[27]。

所有类型的IMU中的未对准误差来自于制造限制造成的惯性传感器的敏感轴与机体正交轴未对准。

针对这一主题，给出一个示例，关于惯性导航系统（INS）传感器故障原因如下：

（1）由温度变化、加速度、磁场和振动引起的陀螺仪漂移故障；

（2）由于非线性和非对称引起的陀螺仪测量值故障；

（3）由于温度变化和振动引起的加速度计偏差；

（4）由于非线性和非对称引起的加速度及测量故障；

（5）陀螺仪和加速度计的输入轴彼此不相互垂直；

（6）初始状态故障（必须考虑位置和速度误差与时间成比例）等。

传感器故障可以引起决策制定系统的很多性能降级。比如，在 UAV 飞行控制系统中，传感器直接用于无人机状态的测量。因此，传感器故障的出现可能使状态估计恶化，引起错误的飞行控制。

系统内用于检测故障和诊断其位置和重要性的故障监控系统被称作"故障诊断系统"。这样的系统通常由如下的任务组成[28]。

故障检测：做一个二元的决策——要么某些部件故障，要么所有部位都正常。

故障隔离：确定故障的位置，比如，哪一个传感器或者执行器有问题。

故障识别：估计故障的大小、类型或者属性。

即使有一个或多个故障，容错飞行控制系统也能够以让人满意的性能控制无人机的状态。

本书中无人机的容错飞行控制系统能够检测和诊断无人机控制系统中的故障，并足以对这些失效进行补偿。

参考文献

1. Collinson RPG (1996) Introduction to avionics. Chapman & Hall, London
2. Lin C-F (1991) Modern navigation, guidance, and control processing. Prentice Hall, Englewood Cliffs
3. Kayton M, Fried WR (1997) Avionics navigation systems. Wiley, New York
4. Prestero T (2001) Verification of a six-degree of freedom simulation model for the REMUS autonomous underwater vehicle. M.Sc. thesis in Ocean and Mechanical Engineering, MIT, Cambridge, MA
5. Stutters L, Liu H, Tiltman C, Brown DJ (2008) Navigation technologies for autonomous underwater vehicles. IEEE T Syst Man Cybern Part C Appl Rev 38(4):581–589
6. Titterton DH, Weston JL (2004) Strapdown inertial navigation technology, vol 207, Progress in astronautics and aeronautics. MIT Lincoln Laboratory, Lexington
7. Volk C, Lincoln J, Tazartes D (2008) Northrop Grumman's family of fiber-optic based inertial navigation systems, USA. http://www.nsd.es.northropgrumman.com. Date retrieved 19 Jan 2012
8. Schmidt GT (2007) INS/GPS technology trends. NATO SET-104 symposium, Antalya Bekir E (2007) Introduction to modern navigation systems. World Scientific, Hackensack
9. Vasil'chenko KK et al (1996) Flight tests on aircraft. Mashinostroenie, Moscow (in Russian)
10. Hajiyev C (1999) Radio navigation. Istanbul Technical University, Istanbul (in Turkish)
11. Tang W, Howell G, Tsai Y-H (2005) Barometric Altimeter short-term accuracy analysis. IEEE Aerospace and Electronic Systems Magazine, December, pp 24–26
12. Whang I-H, Ra W-S (2007) Barometer error identification filter design using sigma point hypotheses. In: Proceedings of the international conference on control, automation and Systems (ICCAS) 2007, Seoul, Korea, October 17–20 2007, pp 1410–1415
13. Jan S-S, Gebre-Egziabher D, Walter T, Enge P (2008) Improving GPS-based landing system performance using an empirical barometric altimeter confidence bound. IEEE T Aero Elec Sys 44(1):127–146

14. Von Mises R (1959) Theory of flight. Dover, New York
15. Groves PD (2008) Principles of GNSS, inertial, and multisensor integrated navigation systems. Artech House, Boston
16. Parkinson BW, Spilker JJ Jr (eds) (1996) Global positioning system: theory and applications, vol II. AIAA, Inc., Washington, DC
17. Zarchan P, Musoff H (2000) Fundamentals of Kalman filtering: a practical approach. AIAA, Inc., Washington, DC
18. Bento MF (2008) Unmanned air vehicles: an overview. Inside GNSS, Jan–Feb 2008
19. http://spectrum.ieee.org/robotics/robotics-hardware/insecteye-camera-offers-wideangle-vision-for-tiny-drones, Jeremy Hsu, posted 01.05.2013 – accessed on 3 Dec 2014
20. Conta G, Doherty P (2009) Vision-based unmanned aerial vehicle navigation using geo-referenced information. EURASIP J Adv Signal Process vol 2009, article ID 387308, Hindawi Publishing Corporation, Cairo, Egypt
21. Mallet A, Lacroix S, Gallo L (2000) Position estimation in outdoor environments using pixel tracking and stereovision. In: Proceedings of the IEEE international conference on robotics and automation (ICRA), San Francisco, CA, April 2000, pp 3519–3524
22. Lemaire T, Berger C, Jung I-K, Lacroix S (2007) Vision-based SLAM: stereo and monocular approaches. Int J Comput Vis 74(3):343–364
23. Isermann R (2006) Fault-diagnosis systems: an introduction from fault detection to fault tolerance. Springer, Berlin/Heidelberg
24. Boskovic JD, Mehra RK (2002) Stable adaptive multiple model-based control design for accommodation of sensor failures. In: Proceedings of the 2002 American control conference, anchorage, AK, May 2002, pp 2046–2051
25. Sobhani-Tehrani E, Khorasani K (2009) Fault diagnosis of nonlinear systems using a hybrid approach, vol 383, Lecture notes in control and information sciences. Springer
26. Science + Business Media, LLC, Dordrecht
    Groves PD (2013) Principles of GNSS, inertial, and multisensor integrated navigation systems, 2nd edn. Artech House, Boston/London
27. Hajiyev C, Caliskan F (2003) Fault diagnosis and reconfiguration in flight control systems. Kluwer Academic Publishers, Boston

第4章　无人机动力学估计

4.1　简介

在本章中，考虑对一组线性最小方差序列状态估计算法的求解，这些算法最初由卡尔曼（Kalman）在其经典著作中提出[1]。卡尔曼滤波算法指的是利用过去观测到的一系列含有随机噪声和其他误差的测量值来估算未知变量，并且使得估算结果相比独立的测量值更为精确，该算法也称为线性二次估计（Linear Quadratic Estimation，LQE）。从数学角度来讲，卡尔曼滤波是一个含有二阶非线性的一阶常微分方程，这可以在数字计算机上进行求解。卡尔曼滤波算法，或者该算法的任一改进和变种已被应用于很多实际的情景中，包括导航、空间制导、运动控制和轨迹确定。卡尔曼滤波可以用于以下任务[2]：

（1）筛选（找到被测参数的更优值）；

（2）状态估计（计算飞机的状态向量）；

（3）系统辨识（计算飞机数学模型的未知参数）；

（4）预测（预测飞机的状态向量）；

（5）平滑（同时考虑过去和未来的估计）；

（6）传感器融合（融合多个信源）；

（7）故障检测和诊断（检测、隔离和辨识发生在飞机系统中的故障）。

我们将从离散形式的问题开始，说明如何处理卡尔曼滤波器，也就是说对离散动力学系统的观测。对于简单的问题，可以徒手处理离散算法，并且能够获得深入的认知。逐步的信息处理适合于简单的推导。

在第2章中，给出了无人机的运动方程。在本章中，将进一步研究这些运动方程，并详细讨论其线性化，从而进行稳定性分析。在这一过程中，首先要研究配平条件。

4.2　最优线性离散卡尔曼滤波

在本节中，将介绍并简要的讨论数学模型，以及线性离散卡尔曼滤波与其在无人机动力学的应用之间的关联。

让我们看一个线性离散动力学系统。系统的动力学状态方程定义了系统的状态，同时，测量方程定义了测量值的产生机制。线性系统的方程写成如下形式。

状态方程：

$$x_{k+1} = F_{k+1}x_k + B_{k+1}u_k + w_k \tag{4.1}$$

测量方程：

$$z_k = H_kx_k + v_k \tag{4.2}$$

式中：x_k 为系统的 n 维状态向量；F_{k+1} 为系统的 $n \times n$ 转移矩阵；u_k 为 p 维的确定性控制输入向量；B_{k+1} 为 $n \times p$ 控制分配矩阵；w_k 为 n 维的零均值随机高斯噪声向量（系统噪声），其相关矩阵 $E\left[w_kw_j^{\mathrm{T}}\right] = Q_k\delta_{kj}$ 为统计平均运算；δ_{kj} 为克洛耐克（Kronecker）运算符，即

$$\delta_{kj} = \begin{cases} 1, k = j \\ 0, k \neq j \end{cases}$$

z_k 为 s 维测量向量；H_k 为系统 $s \times n$ 维的测量矩阵；v_k 为 s 维的零均值测量噪声向量，其相关矩阵 $E\left[v_kv_j^{\mathrm{T}}\right] = R_k\delta_{kj}$。

初始状态 x_0 的平均值是 $\bar{x}_0$，相关矩阵是 P_0。系统噪声 w_k 和测量噪声 v_k 不相关：$E[w_kv_j^{\mathrm{T}}] = 0, \forall k, j$。

我们希望通过测量向量 z_k（注：原文为 y_k，译者修订）序列得到状态向量的值。为了达到这一目的，必须使用基于卡尔曼滤波的线性滤波理论。

取决于应用情况，可能需要获取某一特定时间的状态估计。假如估计的是将来时刻的状态，这一过程叫作预测。使用当前时刻和之前的所有测量值进行估计，这一过程叫作滤波。假如使用之前的测量值进行过去某一时刻的估计，这一过程叫作平滑。

本节中，讨论内容局限于预测和滤波。

4.2.1　最优卡尔曼滤波方程

通常，假如以如下方式对方程进行表达时，卡尔曼滤波器的滤波过程可以区分为两个清晰的阶段[3]。

时间更新（预测）：这一阶段中，使用前一步的估计值产生当前的估计，这可以被看作估计的准备工作。

预测状态：

$$\tilde{x}_{k/k-1} = F_k\hat{x}_{k-1/k-1} + B_ku_{k-1} \tag{4.3}$$

预测估计方差：

$$P_{k/k-1} = F_k P_{k/k-1} F_k^{\mathrm{T}} + Q_{k-1} \tag{4.4}$$

式中：$\hat{x}_{k-1/k-1}$ 为前一步的估计值；$\tilde{x}_{k/k-1}$ 为当前的预测值；$P_{k/k-1}$ 为当前的预测协方差矩阵；Q_{k-1} 为离散形式的过程噪声 w 的协方差；F_k 和 B_k 相应地为离散形式的系统动力学和控制分布矩阵；u_{k-1} 为控制向量。下标 $k/k-1$ 为通过使用 $k-1$ 步的测量值在当前的第 k 步完成计算。与此相对应，下标 $k-1/k-1$ 表示通过使用 $k-1$ 步的测量值计算 $k-1$ 步的变量值。

同时，此时引入 Q_{k-1}。连续过程的噪声协方差 Q 为

$$Q = E(ww^{\mathrm{T}}) \tag{4.5}$$

式中：w 为从零均值高斯分布中得到的过程噪声；$E(\cdot)$ 为期望值的运算[①]。

那么，离散过程噪声协方差矩阵为

$$Q_{k-1} = \int_0^{\Delta t} F(\tau) Q F^{\mathrm{T}}(\tau) \mathrm{d}\tau \tag{4.6}$$

测量值更新：在这一阶段，通过使用预测阶段的输出以及测量值信息实现当前步的估计，使得预测结果得到提高。

新息或测量残差：

$$\tilde{e}_k = z_k - H_k \tilde{x}_{k/k-1} \tag{4.7}$$

新息（或残差）协方差：

$$P_{\Delta k} = (H_k P_{k/k-1} H_k^{\mathrm{T}} + R_k) \tag{4.8}$$

最优卡尔曼增益：

$$K_k = P_{k/k-1} H_k^{\mathrm{T}} (H_k P_{k/k-1} H_k^{\mathrm{T}} + R_k)^{-1} \tag{4.9}$$

更新状态估计：

$$\hat{x}_{k/k} = \tilde{x}_{k/k-1} + K_k \tilde{e}_k \tag{4.10}$$

更新估计协方差：

$$P_{k/k} = (I - K_k H_k) P_{k/k-1} \tag{4.11}$$

式中：$\tilde{e}_k$ 为新息（或者测量残差）；z_k 为测量向量；H_k 为测量矩阵；K_k 为最优卡尔曼增益；$\hat{x}_{k/k}$ 为估计状态；$P_{k/k}$ 为当前步的协方差矩阵；R_k 为离散形式测量噪声的协方差矩阵。

假如引入了离散测量噪声协方差 R_k，那么与 Q_{k-1} 类似：

$$R_k = E(v_k v_k^{\mathrm{T}}) \tag{4.12}$$

式中：v_k 为测量白噪声，并且假设为零均值高斯白噪声。

据此，最优卡尔曼滤波方程总结见表 4.1。

---

① 在数学上，随机变量的数学期望通过将每一可能结果的概率乘以每一结果的数值后求和得到。

表 4.1　最优卡尔曼滤波方程

状态预测	$\tilde{x}_{k/k-1} = F_k \hat{x}_{k-1/k-1} + B_k u_{k-1}$
协方差预测	$P_{k/k-1} = F_k P_{k-1/k-1} F_k^{\mathrm{T}} + Q_{k-1}$
新息	$\bar{e}_k = z_k - H_k \tilde{x}_{k/k-1}$
新息协方差	$P_{\Delta k} = (H_k P_{k/k-1} H_k^{\mathrm{T}} + R_k)$
最优卡尔曼增益	$K_k = P_{k/k-1} H_k^{\mathrm{T}} (H_k P_{k/k-1} H_k^{\mathrm{T}} + R_k)^{-1}$
状态估计	$\hat{x}_{k/k} = \tilde{x}_{k/k-1} + K_k \bar{e}_k$
协方差估计	$P_{k/k} = (I - K_k H_k) P_{k/k-1}$

4.2.2　最优卡尔曼增益的推导

最优卡尔曼滤波器（OKF）使用的滤波器增益值使得后验状态估计值误差数值的平方最小。换言之，滤波器运行使用的某些特定最优化准则依据的是指定向量的最小化规则，从而具有最优增益。假如滤波器的最优增益根据条件的变化进行自适应调整，这就意味着，滤波器不再是最优滤波器，而被称作自适应滤波器。

为了使 OKF 最优增益的概念更容易理解，增益的推导过程表述如下[4]：

由于矩阵 $P_{k/k}$ 式估计值的协方差，所以：

$$P_{k/k} = \mathrm{cov}(x_k - \hat{x}_{k/k}) \tag{4.13}$$

式中：$\mathrm{cov}(\cdot)$ 为协方差运算；x_k 为第 k 步的状态真值；$\hat{x}_{k/k}$ 为第 k 步状态的估计值。

那么，通过使用状态估计 $\hat{x}_{k/k}$ 的定义（式（4.10））：

$$P_{k/k} = \mathrm{cov}(x_k - (\tilde{x}_{k/k-1} + K_k \bar{e}_k)) \tag{4.14}$$

替换 $\bar{e}_k$（式（4.7））：

$$P_{k/k} = \mathrm{cov}(x_k - (\tilde{x}_{k/k-1} + K_k(z_k - H_k \tilde{x}_{k/k-1}))) \tag{4.15}$$

此处 z_k 为

$$z_k = H_k x_k + v_k \tag{4.16}$$

$$P_{k/k} = \mathrm{cov}(x_k - (\tilde{x}_{k/k-1} + K_k(H_k x_k + v_k - H_k \tilde{x}_{k/k-1}))) \tag{4.17}$$

通过合并必要项，方程式也可以写为

$$P_{k/k} = \mathrm{cov}((I - K_k H_k)(x_k - \tilde{x}_{k/k-1}) - K_k v_k) \tag{4.18}$$

由于测量噪声 v_k 与其他项不相关：

$$P_{k/k} = \mathrm{cov}((I - K_k H_k)(x_k - \tilde{x}_{k/k-1})) + \mathrm{cov}(K_k v_k) \tag{4.19}$$

根据矩阵协方差的性质：

$$P_{k/k} = (I - K_k H_k)\mathrm{cov}(x_k - \tilde{x}_{k/k-1})(I - K_k H_k)^{\mathrm{T}} + K_k \mathrm{cov}(v_k) K_k^{\mathrm{T}} \tag{4.20}$$

由于 $\mathrm{cov}(x_k - \tilde{x}_{k/k-1})$ 表示 $P_{k/k-1}$，且 $\mathrm{cov}(v_k) = E(v_k v_k^{\mathrm{T}}) = R_k$，所以：

$$P_{k/k} = (I - K_k H_k) P_{k/k-1} (I - K_k H_k)^{\mathrm{T}} + K_k R_k K_k^{\mathrm{T}} \tag{4.21}$$

这一更新的协方差估计表达式对于每一个 K_k 都有效，并且可以用于获取最优卡尔曼增益。

卡尔曼滤波器是一个最小均方差估计器，如前所述，为了最优地运行滤波器，需要寻求状态估计幅值平方的最小期望值[4]。该估计误差是 $x_k - \hat{x}_{k/k}$，最小化的量是 $E[|_k - \hat{x}_{k/k}|^2]$。然而，由于 $P_{k/k} = \text{cov}(x_k - \hat{x}_{k/k})$，也就是说最小化协方差矩阵 $P_{k/k}$ 的迹（矩阵对角元素之和），已经得到：

$$P_{k/k} = (I - K_k H_k) P_{k/k-1} (I - K_k H_k)^{\mathrm{T}} + K_k R_k K_k^{\mathrm{T}}$$

假如将各项展开：

$$P_{k/k} = P_{k/k-1} - K_k H_k P_{k/k-1} - P_{k/k-1} K_k^{\mathrm{T}} H_k^{\mathrm{T}} + K_k P\Delta_k K_k^{\mathrm{T}} \tag{4.22}$$

式中：$P\Delta_k = (H_k P_{k/k-1} H_k^{\mathrm{T}} + R_k)$。

因此，为了最小化：

$$\frac{\partial \, \text{tr}(P_{k/k})}{\partial K_k} = -2 (H_k P_{k/k-1})^{\mathrm{T}} + 2 K_k P\Delta_k = 0 \tag{4.23}$$

假如对式（4.23）求解 K_k，那么：

$$K_k = P_{k/k-1} H_k^{\mathrm{T}} P\Delta_k^{-1} = P_{k/k-1} H_k^{\mathrm{T}} (H_k P_{k/k-1} H_k^{\mathrm{T}} + R_k)^{-1} \tag{4.24}$$

由此可见，式（4.24）与式（4.9）相同，这里得到的增益就称作最优卡尔曼增益。除此之外，假如将 K_k 的表达式代入到式（4.22），那么式

$$P_{k/k} = (I - K_k H_k) P_{k/k-1}$$

可以轻易地得到。

4.2.3　卡尔曼滤波器的结构

卡尔曼滤波器[5]中数值估计机制的时序框图如图 4.2 所示。

为了使滤波器正常运行，必须要提前知道初始值 $\bar{x}_0$ 和 P_0、系统噪声 Q 的协方差矩阵，以及测量噪声 R 的协方差矩阵。

根据式（4.10），估计值等于外推值 $\hat{x}_{k/k-1}$ 和修正项 $K_k \bar{e}_k$ 的和。外推（预测）值通过将上一步得到的估计值与系统的转移矩阵相乘得到。这之后，对外推值进行修正。因此，卡尔曼滤波按照对预测值修正的原则运行。

如图 4.1 所示，滤波器算法包括如下操作。

（1）提前预测下一步的数值（确定外推值）$\bar{x}_{k/k-1}$。

（2）用 H_k 左乘 $\bar{x}_{k/k-1}$；换言之，预测测量值。

（3）确定测量值和外推值之间的差值（新息序列）$\bar{e}_k = z_k - H_k \bar{x}_{k/k-1}$。

（4）用矩阵 K_k 左乘 $\bar{e}_k$，然后加上 $\bar{x}_{k/k-1} \rightarrow \hat{x}_{k/k}$。

（5）存储 $\hat{x}_{k/k}$ 的值，并重复这一循环。

卡尔曼滤波器被公认为线性滤波器中最好的滤波器，并且当过程噪声为高斯噪声时，为所有滤波器中最好的滤波器[6]。

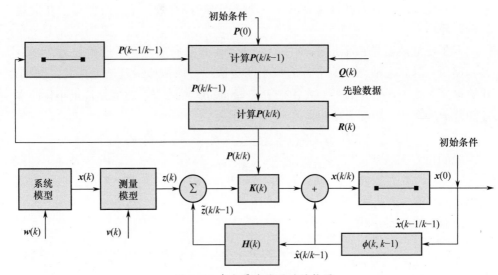

图 4.1　卡尔曼滤波器的结构图

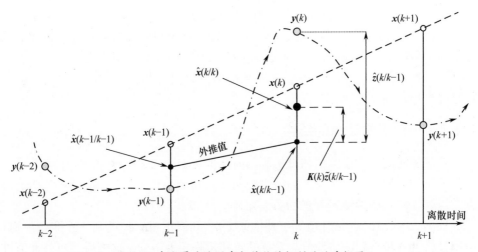

图 4.2　卡尔曼滤波器中数值估计机制的时序框图

卡尔曼滤波器的重要特征如下所示[2]。

（1）当动力学系统的模型已知的时候，滤波器可以使用计算机很容易地实现。

（2）通过滤波器方法得到的值与测量值是线性相关的。

（3）由于滤波器是线性的，所以滤波误差的协方差矩阵 $P_{k/k}$ 与 z_k 的测量不相关，而且可以预先通过计算得到。

（4）滤波算法可以很容易地应用到多维的情形。

（5）卡尔曼滤波器等效于平稳动态滤波器中稳态下的维纳滤波器。

当无法提前知道系统的数学模型，或者数学模型在运算过程中发生改变时，自适应滤波器变得更为重要。时间估值运算与参数和/或模型结构的辨识运算结合在一起。

非线性方程必须要首先进行线性化。

4.3　最优离散卡尔曼滤波器的稳定性

从前面可以看到，由于运算在时域而不是频域完成，所以卡尔曼滤波器是一种时域滤波器。卡尔曼滤波器的一项优势就是其估计时变参数的能力。当使用卡尔曼滤波器时，估计值能否收敛到参数的真实值取决于滤波器的稳定性条件。常规的数字滤波器的稳定性可以很容易地选用 z 变换方法进行分析。对于最优卡尔曼滤波器也可以这样做。

假设最优离散卡尔曼滤波（式（4.3）、式（4.4）、式（4.7）、式（4.8）、式（4.9）、式（4.10）和式（4.11））已经达到稳定增益的情形。为了方便，式（4.10）可以表达为

$$\hat{\boldsymbol{x}}_{k/k} = \tilde{\boldsymbol{x}}_{k/k-1} + \boldsymbol{K}_k(\boldsymbol{z}_k - \boldsymbol{H}_k\tilde{\boldsymbol{x}}_{k/k-1}) \tag{4.25}$$

在式（4.25）中，将 $\tilde{\boldsymbol{x}}_{k/k-1}$ 替换为 $\boldsymbol{F}_k\hat{\boldsymbol{x}}_{k-1/k-1}$。经过这一简化之后，得

$$\hat{\boldsymbol{x}}_{k/k} = (\boldsymbol{F}_k - \boldsymbol{K}_k\boldsymbol{H}_k\boldsymbol{F}_k)z^{-1}\hat{\boldsymbol{x}}_{k-1/k-1} + \boldsymbol{K}_k\boldsymbol{z}_k \tag{4.26}$$

在式（4.26）两边进行 z 变换，在时域对 $\hat{\boldsymbol{x}}_{k/k}$ 延误一步等价于在 z 域内将 $\hat{\boldsymbol{X}}_{k/k}^z$ 乘以 z^{-1}。在 z 域内，这意味着：

$$\hat{\boldsymbol{X}}_{k/k}^z = (\boldsymbol{F}_k - \boldsymbol{K}_k\boldsymbol{H}_k\boldsymbol{F}_k)z^{-1}\hat{\boldsymbol{X}}_{k/k}^z + \boldsymbol{K}_k\boldsymbol{Z}_k^z \tag{4.27}$$

在调整各项位置之后，得

$$\left[z\boldsymbol{I} - (\boldsymbol{F}_k - \boldsymbol{K}_k\boldsymbol{H}_k\boldsymbol{F}_k)\right]\hat{\boldsymbol{X}}_{k/k}^z = z\boldsymbol{K}_k\boldsymbol{Z}_k^z \tag{4.28}$$

式中：z 为通常的 z 变换变量；$\boldsymbol{Z}_k^z$ 为测量向量的 z 变换。

根据线性系统理论可知，式（4.28）左侧括号内的量描述了系统的固有模态。对括号内 $n \times n$ 矩阵的确定得到系统的特征多项式，即

$$特征多项式 = \left[z\boldsymbol{I} - (\boldsymbol{F}_k - \boldsymbol{K}_k\boldsymbol{H}_k\boldsymbol{F}_k)\right] \tag{4.29}$$

这一多项式的根给出了滤波器稳定性信息。假如所有的根都位于 z 平面单位圆内，滤波器稳定；假如任一根位于单位圆上或者外面，滤波器不稳定。根据术语的不同表达，特征多项式的根与 $(\boldsymbol{F}_k - \boldsymbol{K}_k\boldsymbol{H}_k\boldsymbol{F}_k)$ 的特征值相同。

4.4　用于 UAV 状态估计的 OKF

当卡尔曼滤波器算法用于 UAV 的状态估计时，被用于组合在一起的飞机纵向和横侧向动力学方程。因此，要估计的状态为如下的 $n = 9$ 向量：

$$\boldsymbol{x} = \begin{bmatrix} \Delta u & \Delta w & \Delta q & \Delta\theta & \Delta h & \Delta\beta & \Delta p & \Delta r & \Delta\phi \end{bmatrix}^{\mathrm{T}} \tag{4.30}$$

此时控制输入向量为

$$u = \begin{bmatrix} \Delta\delta_{\mathrm{e}} & \Delta\delta_{\mathrm{T}} & \Delta\delta_{\mathrm{a}} & \Delta\delta_{\mathrm{r}} \end{bmatrix}^{\mathrm{T}} \tag{4.31}$$

式中：Δu 和 Δw 分别为在 x 轴和 z 轴速度分量的扰动；Δh 为平面高度的扰动；Δp、Δq、Δr 分别为绕 x、y 和 z 轴的角速度扰动；$\Delta\theta$、$\Delta\phi$、$\Delta\beta$ 分别为俯仰、滚转和侧滑角的扰动；$\Delta\delta_{\mathrm{e}}$、$\Delta\delta_{\mathrm{a}}$、$\Delta\delta_{\mathrm{r}}$ 分别为升降舵、副翼和方向舵偏转的扰动；$\Delta\delta_{\mathrm{T}}$ 为推力的变化。

然后，根据状态空间中的组合动力学形式，引入如下的 UAV 过程和观测模型：

$$x_k = F_k x_{k-1} + B_k u_{k-1} + G_k w_k \tag{4.32}$$

$$z_k = H_k x_k + v_k \tag{4.33}$$

式中：F_k 为系统的动态矩阵；B_k 为控制分配矩阵；z_k 为测量向量；G_k 为系统噪声的转换矩阵；H_k 为测量矩阵，这里是一个 9×9 的单位矩阵；w_k 和 v_k 分别为系统过程和测量高斯白噪声：

$$E(w_k w_j^{\mathrm{T}}) = Q_k \delta_{kj} \tag{4.34}$$

$$E(v_k v_j^{\mathrm{T}}) = R_k \delta_{kj} \tag{4.35}$$

$$E(w_k v_j^{\mathrm{T}}) = 0 \tag{4.36}$$

式中，Q_k 为过程噪声协方差矩阵；R_k 为测量噪声协方差矩阵；δ_{kj} 为 Kronecker 函数。

这之后，用于这一组合 UAV 模型的最优卡尔曼滤波器可以按照表 4.1 中给出的步骤得到。

4.5 仿真

在本节中，给出了对 Zagi UAV 状态估计的仿真结果。仿真时长为 50s，采样时间 $\Delta t = 0.1\mathrm{s}$，仿真了 500 步。对于式（4.30）中的纵向和横侧向联合状态向量，测量噪声 v 取为

$$v = N_{\mathrm{r}} \times \begin{bmatrix} 0.92 & 0.92 & 0.083 & 0.17 & 0.2 & 0.05 & 0.083 & 0.083 & 0.17 \end{bmatrix}^{\mathrm{T}}$$
$$\tag{4.37}$$

式中：N_{r} 为零均值单位方差高斯分布中的一个随机数。然后，测量噪声的协方差 R，所有步中的 9×9 矩阵，给定为

$$R = \begin{bmatrix} 0.92^2 & \cdots & 0 \\ \vdots & & \vdots \\ 0 & \cdots & 0.17^2 \end{bmatrix} \tag{4.38}$$

为了仿真测量，并将系统动态引入到滤波器中，将 UAV 的运动方程改写成离散形式。假如状态空间形式的方程为

$$\dot{X} = AX + BU \tag{4.39}$$

离散化后的方程变为

$$X_{i+1} = (I + \Delta tA)X_i + \Delta tBU_i \tag{4.40}$$

式中：A 为系统矩阵；B 为控制分配矩阵；X 为如上所述的状态向量；U 为控制向量，为 $U = \begin{bmatrix} \Delta\delta_e & \Delta\delta_T & \Delta\delta_a & \Delta\delta_r \end{bmatrix}^T$。

在仿真过程中，所有的状态初始值都选为 0。另外，控制向量选择为 $U = \begin{bmatrix} 0.2 & 0 & 0 & 0.2 \end{bmatrix}^T$ 弧度。

通过给动态变量的真实值添加噪声仿真得到测量结果：

$$Z_{i+1} = X_{i+1} + v \tag{4.41}$$

另外，为了展示 OKF 的缺点以及某些情况下滤波器的自适应，在测量的每第 100 步加入误差。这些突发的误差，代表在测量通道中出现故障的情形，通过在两个状态 $\Delta\theta$ 和 $\Delta\beta$ 中增加一个常值项来实现。

这里，在图 4.3 ~ 图 4.7 中给出了两个状态 Δu 和 $\Delta\beta$ 的仿真结果。在图 4.5 ~ 图 4.7 给出的是在错误测量情况下的 OKF 结果。表 4.2 所列为在错误测量结果所在的几个时间步下的所有状态估计误差。对于任意状态，以组合的方式引入了 3 张图：一张图展示卡尔曼估计值和仿真的测量值；一张图给出了卡尔曼估计值和测量值相对由离散动力学方程（式 4.39）得到的真实值之间的误差；另外一张图给出了卡尔曼估计的方差变化。

表 4.2 故障测量情况下的最优卡尔曼滤波性能

步长	5s	20s	27.5s	40s	43s
$\Delta u/(\text{m/s})$	0.1602	3.0722	0.1089	2.9559	0.1362
$\Delta w/(\text{m/s})$	0.0259	0.8729	0.0326	0.9504	0.0499
$\Delta q/(\text{rad/s})$	0.0925	0.1222	0.0339	0.0325	0.0243
$\Delta\theta/(\text{rad/s})$	0.0196	2.2815	0.0235	2.2582	0.0412h
$\Delta h/\text{m}$	0.1429	2.5808	0.0627	2.5163	0.04
$\Delta\beta/\text{rad}$	0.008	10.042	0.0023	10.016	0.0021
$\Delta p/(\text{rad/s})$	0.0219	0.4861	0.0258	0.5356	0.0227
$\Delta r/(\text{rad/s})$	0.0189	0.3699	0.0212	0.3121	0.0029
$\Delta\phi/(\text{rad/s})$	0.0162	3.2214	0.0611	3.0618	0.0299

仿真结果说明，在估计系统正常运行的情况下（没有故障），OKF 能够提供足够好的估计结果。然而，如同预料的那样，在测量故障的情况下，OKF 并不能够提供精确地估计。这表明了卡尔曼滤波器自适应的重要性，第 5 章节将对此进行讨论。

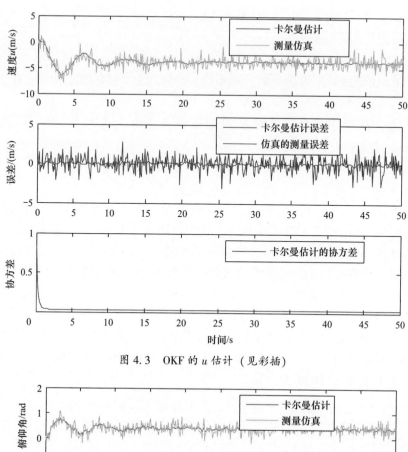

图 4.3　OKF 的 *u* 估计（见彩插）

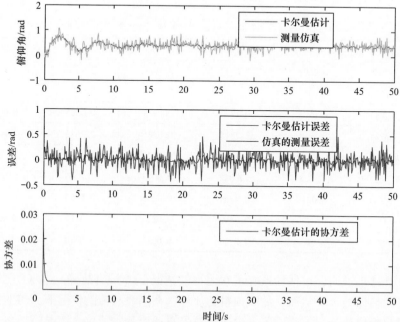

图 4.4　OKF 的 *θ* 估计（见彩插）

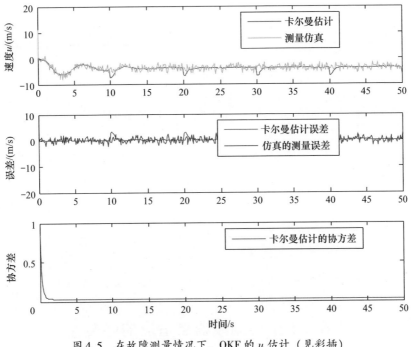

图 4.5　在故障测量情况下，OKF 的 u 估计（见彩插）

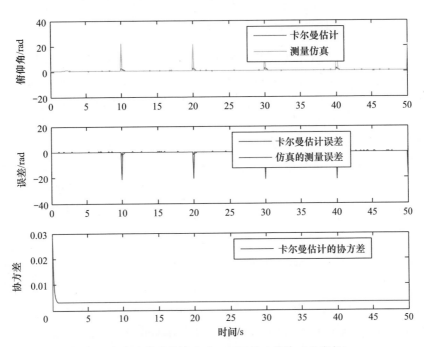

图 4.6　在故障测量情况下，OKF 的 θ 估计（见彩插）

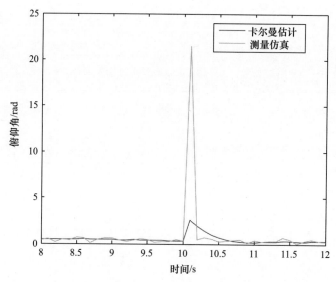

图 4.7 在故障测量情况下，OKF θ 估计的放大显示（见彩插）

4.6 卡尔曼滤波器自适应的必要性

4.6.1 先验误差和自适应

在具有整个先验统计数据的情况下，4.5 节中对卡尔曼滤波的测试是有效的。在实际中，估计的先验数据已知或者完整存在的情形非常罕见。对于这种情况，这里设计的算法并不是最优的，而且通过这些算法估计的值可能不收敛。因此，需要另外一种方法来分析估计算法。

先验不确定度发生的变化如下。

（1）完全的先验统计不确定。在这种情况下，测量和估计随机过程分量的概率分布参数和形式都是未知的。但是，随机过程中适合组成部分的有限变化范围是给定的。在这种情况下，估计算法的综合只能在一种确定的方式基础上执行。

（2）部分先验统计的不确定。在这种情况下，知道部分测量和估计随机过程分量的概率分布规则。具有未知概率特征的参数数量不能太多。这些参数数量的增加会引起问题解决方法品质的下降。由于这个原因，当参数中存在先验不确定时，给出一组分布替代随机过程的概率分布规则。从这组分布中选择的估计算法必须能够提供最优准则。这就意味着估计算法能够自适应。

对于自适应问题共有 3 种方法：参数方法、不变准则方法和结构方法。参数方法是最为常用的方法。对于参数自适应估计算法，在测量数据记录完成之后估计随机过程的所求分量，并且校正动态系统和测量的先验统计特征。

大多数参数自适应估计算法是在普通的卡尔曼滤波器中加入了一个自调节回路。卡尔曼滤波器在设计之初就假定系统模型、测量和噪声的统计特性已知，并且是准确的。然而，这一假定通常不能实现，因此所采用的滤波器是次优的。滤波器次优的另一原因是在滤波器算法中简化了过程计算。在某些情况下，故障具体化的问题使得次优性出现。因为这个原因，通过卡尔曼滤波器估计噪声协方差。这种类型的滤波器称作自适应滤波器。

设计自适应的一些方法如下所示。

（1）多模型自适应估计（Multiple Model-based Adaptive Estimation，MMAE）。在 MMAE 方法中，对不同的模型，一组卡尔曼滤波器并行的运行，对滤波器的统计信息矩阵进行自适应滤波，这些矩阵如过程噪声矩阵 Q 和/或测量噪声新息矩阵 R。

（2）通过对新息或者残差序列的分析确定卡尔曼滤波器未知的噪声协方差。这可以是对协方差矩阵进行直接估计，或者基于协方差的比例进行自适应[9]（图 4.8）。

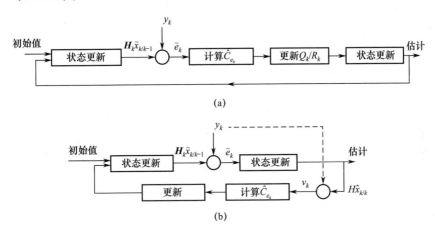

(a)

(b)

图 4.8　通过新息和残差序列的统计分析的卡尔曼滤波器（KF）自适应
(a) 基于新息的 KF 自适应；(b) 基于残差的 KF 自适应
（对于两种自适应方法，通过估计或比例进行过程和噪声协方差的更新）。

（3）通过概率方法进行噪声估计。周期性地使用对未知噪声协方差的估计更新滤波器算法中的噪声结构。

（4）通过迭代程序处理相同的值，未知协方差数值的确定是基于前一数据处理回路残差的分析。这一方法通常在测试时需要巨大的计算负担时使用。

接下来，回顾卡尔曼滤波器自适应的现有常见直接估计方法。最新提出的基于比例方法将在第 5 章、第 6 章详细讨论。读者也可以参考文献［9］对卡尔曼滤波器自适应的不同方法进行比较。

4.6.2 基于新息的自适应估计

基于新息的自适应估计是应用最为广泛的方法[10-15]。在这个方法中，通过研究新息序列确定噪声的先验特征是否与其真实特征相符合。当真实的新息序列与白噪声特征有所区别时，就实现了测量噪声（**R**）和系统噪声（**Q**）的估计。对新息序列统计的分析只是简单的对序列进行校验，以证实其是否具有期望的零值和高斯白噪声特征。

新息序列 $\tilde{e}_j$ 为

$$\hat{C}_{e_k} = \frac{1}{N} \sum_{j=k-N+1}^{k} \tilde{e}_j \tilde{e}_j^{\mathrm{T}} \tag{4.42}$$

式中：N 为"滑动窗口"的维度。

假如噪声的真实和先验特征不同，必须连续地确定 **R** 和 **Q**，这也必须包含在滤波算法中。因此，自适应卡尔曼滤波器包含用于估计系统状态、系统参数以及噪声特征的滤波算法。

在基于新息的方法中，之前预测的矩阵 **R** 和 **Q** 使用实时测量量进行更新。滤波器中的统计矩阵使用下式进行更新：

$$\hat{R}_k = \hat{C}_{e_k} - H_k P_{k/k-1} H_k^{\mathrm{T}} \tag{4.43}$$

$$\hat{Q}_k = K_k \hat{C}_{e_k} K_k^{\mathrm{T}} \tag{4.44}$$

4.6.3 基于残差的自适应估计

在基于残差的方法中[16,17]，直接更新受残差序列变化影响的测量协方差矩阵和/或系统噪声。

残差序列可以表述为

$$v_k = z_k - H\hat{x}_{k/k} \tag{4.45}$$

式中：z_k 为测量向量；H 为测量矩阵；$\hat{x}_{k/k}$ 为状态向量的估计。

残差序列的协方差矩阵为

$$\hat{C}_{v_k} = \frac{1}{N} \sum_{j=k-N+1}^{k} v_j v_j^{\mathrm{T}} \tag{4.46}$$

式中：N 为"滑动窗口"的维度。

采用如下的算法对矩阵 **R** 和 **Q** 进行估计。

矩阵 **R** 估计算法为

$$\hat{R}_k = \hat{C}_{v_k} + H_k P_{k/k} H_k^{\mathrm{T}} \tag{4.47}$$

式中：$P_{k/k}$ 为估计误差的协方差矩阵。

矩阵 **Q** 的估计算法为

$$\hat{Q}_k = \left(\frac{1}{N} \sum_{j=k-N+1}^{k} \Delta x_j \Delta x_j^{\mathrm{T}} \right) + P_{k/k} - F P_{k-1/k-1} F^{\mathrm{T}} \tag{4.48}$$

式中：$P_{k-1/k-1}$ 为前一步估计误差的协方差矩阵；F 为系统的转移矩阵；Δx_k 为状态修正序列（滤波器估计和外推估计之间的差）。

$$\Delta x_k = \hat{x}_{k/k} - \hat{x}_{k/k-1} \tag{4.49}$$

在稳定状态下，只需考虑式（4.47）的前一部分，这种情况下，由于式（4.47）中 $\Delta x_k = K_k v_k$，因此可以近似为式（4.43）。

众所周知，对于一些实际的应用（如 INS/GPS）[15]，基于残差的自适应估计方法要比基于新息的方法更为有效。

前述自适应估计方法的一些不足如下所示。

（1）在使用基于残差或者基于新息方法对未知系统和测量噪声协方差矩阵进行估计时，新息和残差矩阵被使用了 N 个循环。这消耗了巨大的计算资源，使得确定一个合适的滑动窗口维度变得非常重要。

（2）为了能够使用基于残差或新息的估计方法，测量的量值、类型和分布必须前后一致。否则，系统和测量噪声的协方差矩阵不能使用残差或新息矩阵进行估计。

（3）基于新息的估计器可能会引起负协方差矩阵。这种情况在式 $\hat{R}_k = \hat{C}_{e_k} - H_k P_{k/k-1} H_k^{\mathrm{T}}$ 后一项比前一项大的时候出现。

4.7　结论

本章研究了针对某一具体 UAV 状态估计 OKF 算法。使用 MATLAB 实现的仿真程序表明，在正常运行的系统中（没有故障），OKF 算法能够给出准确的估计。当估计系统中发生故障时，OKF 算法失效。

从数学角度来讲，卡尔曼滤波器是一个具有二次非线性的一阶常微分方程，使用数字计算机求解。当在计算机上实现导航和其他算法时，可能会由于设备故障，计算机故障或者信息传输过程中的噪声得到不正确的结果。对于这些情况，可以使用自适应卡尔曼滤波器。

与该研究目标一致，本书的目标是为自主 UAV 的控制系统提供可靠的参数估计，并确保其能够成功完成其任务。

参考文献

1. Kalman RE (1960) A new approach to linear filtering and prediction problems. Trans ASME J Basic Eng 82:35
2. Hajiyev C, Caliskan F (2003) Fault diagnosis and reconfiguration in flight control systems. Kluwer Academic Publishers, Boston
3. Zarchan P, Musoff H (2000) Fundamentals of Kalman filtering: a practical approach. Progress in aeronautics and astronautics. AIAA, Reston

4. Sage AP, Melsa JL (1971) Estimation theory with applications in communication and control. McGraw-Hill, New York

5. Hajiyev CM (1999) Radio navigation. Istanbul Technical University, Istanbul (in Turkish)

6. Anderson BDO, Moore JB (1979) Optimal filtering. Prentice Hall, Englewood Cliffs

7. Brown RG, Hwang PYC (1997) Introduction to random signals and applied Kalman filtering with MATLAB exercises and solutions, 3rd edn. Wiley, New York

8. Ogarkov MA (1990) Methods for statistical estimation of random processes parameters. Energoatomizdat, Moscow (in Russian)

9. Hajiyev C, Soken HE (2015) Fault tolerant estimation of UAV dynamics via robust adaptive Kalman filter. In: Dimirovski GM (ed) Complex systems: relationships between control, communications and computing. Springer (in press), Berlin

10. Mehra RK (1970) On the identification of variances and adaptive Kalman filtering. IEEE Trans Autom Control 15(2):175–184

11. Mehra RK (1971) On-line identification of linear dynamic systems with applications to Kalman filtering. IEEE Trans Autom Control 16(1):12–1

12. Mehra RK (1971) Identification and adaptive Kalman filtering. Mechanic 3:34–52

13. Kailath T (1972) A note on least squares estimation by the innovations method. SIAM J Control 10(3):477

14. Maybeck PS (1982) Stochastic models, estimation, and control, vols I and II. Academic Press, New York

15. Salychev OS (1994) Special studies in dynamic estimation procedures with case studies in inertial surveying, ENGO 699.26 lecture notes. Department of Geomatics Engineering, University of Calgary, Canada

16. Mohamed AH, Schwarz KP (1999) Adaptive Kalman filtering for INS/GPS. J Geod 73:193–203

17. Wang J, Stewart MP, Tsakiri M (1999) Adaptive Kalman filtering for integration of GPS with GLONASS and INS. IUGG/IAG, Birmingham

第 5 章　传感器故障时的无人机动力学估计

5.1　简介

当测量值足够多时，能通过卡尔曼滤波器来估计无人机（UAV）状态。这个过程，需要精确地已知速度、高度、姿态等参数。当 UAV 的这些状态能够准确无误的获取到时，就可以成功实现对飞机的控制。与此同时，这一过程又依赖于测量值的准确性。如果由于估计系统任意故障导致测量值不可靠，滤波器会给出不正确的结果，并随时间发散。由于 UAV 飞控系统容错设计非常重要，所以需要构建具备足够鲁棒性的滤波器来避免这样的问题。

使用卡尔曼滤波器方法进行状态估计时，对任意的测量故障（反常的测量值、测量通道的突然漂移，以及其他的困难，诸如仪器准确度的降低，背景噪声的增加等）都非常敏感。假如滤波器合成中使用的模型与测量系统运行条件不能保持一致，那么测量通道中潜在故障导致的变化将会显著降低估计系统的有效性。自适应滤波器在前一估计步骤处理测量故障，而不是当前步骤，能够从潜在故障中恢复。

卡尔曼滤波器可以采用不同的自适应方法，做到对先验的测量值或者系统不确定性不敏感。自适应卡尔曼滤波问题的基本方法是基于多模型的自适应估计（Multiple Model-based Adaptive Estimation，MMAE）[1-3]、基于新息的自适应估计（Innovation-based Adaptive Estimation，IAE）[4-6]，以及基于残差的自适应估计（Residual-based Adaptive Estimation，RAE）[7,8]。第一种方法中，对滤波器统计信息的不同模型，一组卡尔曼滤波器并行地运行，在其他方法中，根据新息或者残差序列中的变化，直接通过测量值和/或系统噪声的协方差矩阵实现自适应。

在文献［1-3］描述的方法中，假设故障已知，并对已知的传感器/执行器故障设计卡尔曼滤波器。由于 MMAE 方法需要几个并行的卡尔曼滤波器，并且故障需要已知，因此该方法只能用在少数应用中。

通过 IAE 和 RAE 的协方差估计，需要使用 m 个周期的新息或残差向量。这增加了存储负担，并使得确定滑动窗口的宽度 m 成为另外一个问题。此外，IAE 和 RAE 估计器要求窗口内所有周期的测量值数量、类型和分布保持一致，假如并非如此，测量噪声的协方差矩阵不能基于新息或残差向量进行估计。

在文献［9］中，将自适应卡尔曼滤波器应用到自主移动机器人全球定位系统（GPS）和惯导系统（INS）位置信号融合中。自适应系统使用模糊逻辑对扩展卡尔曼滤波和噪声特征进行了修正。在文献［10］中，给出了一种基于自适应模糊卡尔曼滤波器的多传感器数据融合方法。这种方法应用于航位推测系统（Dead Reckoning, DR）和 GPS 系统，对位置和方位信号进行融合，从而实现飞行器着陆导航。其中 EKF 和测量噪声特征使用模糊自适应系统，基于协方差匹配方法进行修正。已经证实与模糊自适应卡尔曼滤波器相比，EKF 能够得到更好的结果（更加准确）[9,10]。在文献［11］中，将基于模糊逻辑的自适应卡尔曼滤波器用于构建自适应集中式、分布式和联合卡尔曼滤波器，以进行多传感器数据融合。自适应调整每一个局部滤波器的测量噪声协方差矩阵，以匹配新测量得到数据中噪声特征的真实统计，从而以这样的方式实现自适应。在本章中，基于协方差匹配方法的模糊参考系统被用作自适应机制。仿真结果显示，在多个传感器测量相同的参数，每一个具有不同测量动态和噪声统计的情况下，作者提出的结构是有效的。虽然基于模糊逻辑的自适应卡尔曼滤波器算法在某些特定的情况下表现良好，但是这些方法是基于知识的系统，同时要基于人的经验，因此，并不广泛适用于像飞机飞行控制系统这样重要的系统。

另外一种想法是通过给噪声协方差矩阵乘以一个时变的参数实现其比例缩放。构建该算法的方法之一是使用一个自适应因子作为过程或者测量噪声协方差矩阵的乘数[12-15]。这种算法又称作自适应退化卡尔曼滤波器（Adaptive Fading Kalman Filter, AFKF），可以在动态过程或者先验测量值缺失的情况下使用[16]。然而，当问题出现在当前测量值时，就需要提出其他方法按比例缩放测量噪声协方差矩阵，并使滤波器更加稳定（对测量故障不敏感）。因此，如果在测量系统中存在故障，那么可以使用鲁棒卡尔曼滤波器（Robust Kalman Filter, RKF），通过使用一个测量噪声比例因子（Measurement Noise Scale Factor, MNSF）作为测量噪声协方差矩阵的乘数，实现滤波器对当前测量故障的不敏感。因此，通过对滤波器增益的修正，在不受故障测量影响的情况下，实现滤波器良好的估计效果[17]。

然而，将卡尔曼滤波器用于具有多个变量的复杂系统时，对于每一个变量，其估计性能都有差异，因此，对多个协方差矩阵使用一个测量噪声比例因子（Single Measurement Noise Scale Factor, SMNSF）作为乘数并不充分[18]。一个系数并不能准确地反映估计过程对测量故障的修正效果。能够用于解决这一问题的方法是使用多个测量噪声比例因子（Multiple Measurement Noise Scale Factors, MMNSF）分别修正增益矩阵的相关分量。但是，到现在为止，尚没有使用一个和多个比例因子 RKF 的对比研究。

在本章中，介绍使用一个和多个 MNSF 的 RKF 算法，这里介绍的算法相比已有的算法，需要更少的计算机资源进行比例因子估计，并将该算法应用到了

UAV 的状态估计过程。对不同类型的测量故障给出了这些算法的结果，并给出了如何使用这些算法的建议。

5.2　具有一个测量噪声比例因子的 RKF

在正常运行的条件下，即没有观测到任意类型的测量故障时，OKF 能够给出足够好的估计结果。然而，当由于估计系统的故障，比如测量通道的反常的测量值、突然的漂移或者步间的变化等，导致测量错误时，滤波器估计输出变得不准确。

因此，需要提出一种 RKF 算法，使得滤波器能够容错，并且在出现错误的测量值时，在不影响已有的较好估计特征前提下，能够获得准确的估计结果。

RKF 的基础是比较新息序列协方差的真实和理论值[17]。当测量系统运行条件和综合滤波器使用的模型不一致时，卡尔曼滤波器增益随着新息序列协方差矩阵的不同而改变。在这些情况下，新息序列的协方差矩阵根据式（5.1）改变[19,20]：

$$P_{ek} = H_k P_{k/k-1} H_k^{\mathrm{T}} + S_k R_k \tag{5.1}$$

同时，卡尔曼增益变为

$$K_k = P_{k/k-1} H_k^{\mathrm{T}} (H_k P_{k/k-1} H_k^{\mathrm{T}} + S_k R_k)^{-1} \tag{5.2}$$

式中：S_k 为 SMNSF。

据此方法，当由于测量系统的运行条件出现显著变化，导致预测的观测量 $H_k \tilde{x}_{k/k-1}$ 与实际的观测量 y_k 显著不同时，卡尔曼增益发生改变。换句话说，当滤波误差的真实值超出理论误差：

$$\mathrm{tr}\{\tilde{e}_k \tilde{e}_k^{\mathrm{T}}\} \geqslant \mathrm{tr}\{H_k P_{k/k-1} H_k^{\mathrm{T}} + R_k\} \tag{5.3}$$

滤波器必须鲁棒地运行。$\mathrm{tr}\{\cdot\}$ 为相关矩阵的迹。

为了确定比例因数 S_k，将式（5.1）代入式（5.3），并且使用满足式（5.3）计算得到的比例因子作为输入：

$$\mathrm{tr}\{\tilde{e}_k \tilde{e}_k^{\mathrm{T}}\} \geqslant \mathrm{tr}\{H_k P_{k/k-1} H_k^{\mathrm{T}}\} + S_k \mathrm{tr}\{R_k\} \tag{5.4}$$

根据等式 $\mathrm{tr}\{\tilde{e}_k \tilde{e}_k^{\mathrm{T}}\} = \tilde{e}_k^{\mathrm{T}} \tilde{e}_k$，$S_k$ 可以写为

$$S_k = \frac{\tilde{e}_k^{\mathrm{T}} \tilde{e}_k - \mathrm{tr}\{H_k P_{k/k-1} H_k^{\mathrm{T}}\}}{\mathrm{tr}\{R_k\}} \tag{5.5}$$

在测量系统出现故障时，通过自动地修正卡尔曼增益实现卡尔曼滤波器的自适应。假如满足式（5.3）中的条件，那么比例因子 S_k 将会增加。S_k 更大会使得卡尔曼增益（式（5.2））更小，这是因为新息序列（式（5.1））在鲁棒的情况下会增加。因此，在状态估计过程中，小的卡尔曼增益会降低故障新息序列的影响。在所有其他情况下，测量系统运行正常时，SMNSF 取 $S_k = 1$，滤波器最优

运行。

必须要指出的是，由于比例因子 S_k 的存在，RKF 估计误差的协方差相比 OKF 增加。因此，只有在测量系统故障的情况下使用鲁棒算法，在所有其他情况下，都使用常规卡尔曼滤波器最优运行。这个过程使用一种统计信息进行控制。此时，引入如下的两个假设。

γ_0：系统正常运行。

γ_1：估计系统存在故障。

为了检测故障，定义如下的一个统计函数[21]：

$$\boldsymbol{\beta}_k = \tilde{\boldsymbol{e}}_k^{\mathrm{T}} \left[H_k P_{k/k-1} H_k^{\mathrm{T}} + R_k \right]^{-1} \tilde{\boldsymbol{e}}_k \tag{5.6}$$

统计函数是一个具有 M 自由度的 χ^2 分布，这里 M 为新息向量的维数。

假如将重要性水平 α 选为

$$\begin{aligned} \gamma_0 &: \beta_k \leqslant \chi_{\alpha,M}^2 \qquad (\forall k) \\ \gamma_1 &: \beta_k > \chi_{\alpha,M}^2 \qquad (\exists k) \end{aligned} \tag{5.7}$$

可以找到门限值 $\chi_{\alpha,M}^2$。因此，当假设 γ_1 是正确的，β_k 的统计值将比门限值 $\chi_{\alpha,M}^2$ 更大，比如：

$$P\{\chi^2 > \chi_{\alpha,M}^2\} = \alpha \quad (0 < \alpha < 1) \tag{5.8}$$

5.3　具有多个测量噪声比例因子的 RKF

如前所述，可以通过使用一个比例因子作为对滤波增益的修正项[17,19]，但是对于具有多个变量的复杂系统，如果每个状态的滤波器性能都不同的话，这并不是一个安全的程序[18,22]。更好的方法是使用修正测量噪声协方差矩阵相关项的多个测量噪声比例因子构建矩阵，从而修正卡尔曼增益。

为了确定比例矩阵，接下来需要一个基于新息的过程。已知卡尔曼滤波器新息序列可以通过式（5.3）确定。那么，新息协方差矩阵的真实值和理论值必须进行比较。当估计系统中存在测量故障时，真实误差将会超过理论误差。因此，根据文献［23］将比例矩阵 S_k 添加到算法中，即

$$\frac{1}{\mu} \sum_{j=k-\mu+1}^{k} \tilde{\boldsymbol{e}}_j \tilde{\boldsymbol{e}}_j^{\mathrm{T}} = H_k P_{k/k-1} H_k^{\mathrm{T}} + S_k R_k \tag{5.9}$$

通过式（5.10）确定：

$$S_k = \left(\frac{1}{\mu} \sum_{j=k-\mu+1}^{k} \tilde{\boldsymbol{e}}_j \tilde{\boldsymbol{e}}_j^{\mathrm{T}} - H_k P_{k/k-1} H_k^{\mathrm{T}} \right) + R_k^{-1} \tag{5.10}$$

式中：μ 为滑动窗口的宽度。

在正常运行的情况下，比例矩阵将是单位矩阵，$S_k = I$。这里 I 表示单位矩阵。尽管如此，由于测量值的数量限制 μ 为有限数字，并且使用计算机进行计

算，其隐含诸如估计误差和取整误差。由式（5.10）求得的矩阵S_k可能不是对角阵，也可能是对角元素为负或者小于 1 的值（事实上，物理上是不可能的）。

因此，为了避免这样的情形，建议按照如下的规则组成比例矩阵：

$$S^* = \text{diag}(s_1^*, s_2^*, \cdots, s_n^*) \tag{5.11}$$

$$s_i^* = \max\{1, S_{ii}\} \quad (i = 1, n) \tag{5.12}$$

式中：S_{ii}为矩阵 S 的第 i 个对角元素。除此之外，假如测量值出现错误，S_k^* 将会改变，从而会影响卡尔曼增益矩阵：

$$K_k = P_{k/k-1} H_k^T (H_k P_{k/k-1} H_k^T + S_k^* R_k)^{-1} \tag{5.13}$$

因此，假设出现任意类型的故障，与测量向量错误分量相对应的比例矩阵相关元素增加，是卡尔曼增益变小，这在状态更新过程中减小了新息的影响，由此得到更为精确的估计结果。

由于比例矩阵S_k^*，这里提出的 RKF 并不是最优的，仅当测量值出现错误时，鲁棒算法运行，在其他所有情况下，按照常规 RKF 最优地运行。与基于 SMNSF 的算法相同，使用式（5.6）~式（5.8）定义的统计信息作为启动 RKF 自适应的监管标准。

5.4　鲁棒自适应方法的比较

通过仿真对具有一个和多个测量噪声比例因子的鲁棒自适应方法进行比较。共仿真了 1000 步，时长为 100s，采样时间 Δt 为 0.1s。将 Zagi 无人机选为试验平台，根据这款无人机的动力学和特征使用了卡尔曼滤波器应用。

在仿真的时候，为了测试 RKF 算法，共考虑了 4 种测量故障场景：瞬时的异常测量值、连续偏差、测量噪声增加，以及零输出故障。同时，在测量故障的时候，进行 OKF 的仿真，并与 RKF 算法的结果进行比较，从而能够在细节上更好地理解 RKF 的高效。虽然如此，$\chi_{\alpha,M}^2$取为 16.919，这个值取自 x 检验法（Chi-square）分布下，自由度为 9，且置信水平为 95% 时的值。

在本章中，第一组图给出的是 OKF 或者 RKF 状态估计结果与真实值的比较。第二组图展示的是基于无人机真实状态值的估计过程误差。最后一组图给出的是估计值的协方差，这与估计误差协方差矩阵的相关对角元素相对应。

5.4.1　瞬时异常测量值

通过在每过 20s 的时候给俯仰角增加一个常值 $\Delta\theta$，仿真瞬时的不正常测量值。从图 5.1 ~ 图 5.3 中可以很明显地看到两种 RKF 算法（具有 SMNSF 和 MMNSF）相比 OKF 能够给出更加准确的估计结果。

当获取到的测量值含有误差时，由常规 OKF 获取到的结果并不可靠。然而，具有 SMNSF 和 MMNSF 的 RKF 能够在整个过程中维持估计特征，并且在异常测量值的情况下，给出精确的估计结果，如同正常运行状况一样。

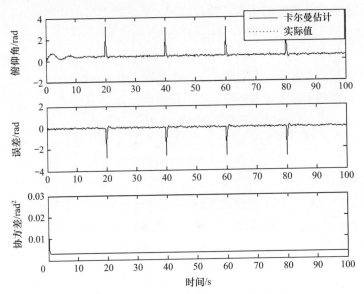

图 5.1 在瞬时异常测量值条件下，使用常规最优卡尔曼
滤波器（OKF）得到的俯仰角 θ 的估计结果

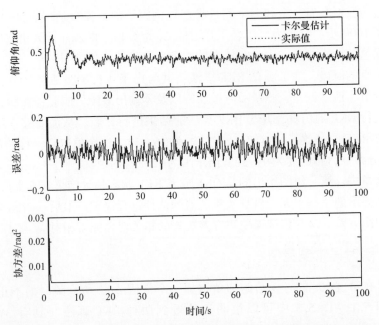

图 5.2 在瞬时异常测量值的情况下，使用具有一个测量噪声比例因子
（SMNSF）的鲁棒卡尔曼滤波器（RKF）对俯仰角 θ 得到的估计结果

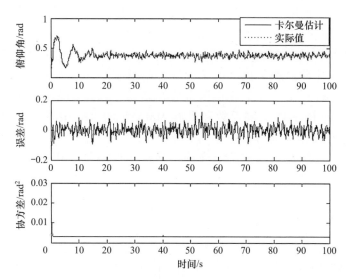

图 5.3 在瞬时异常测量值的情况下，具有多个测量噪声比例因子
（MMNSF）的 RKF 对俯仰角 θ 得到的估计结果

RKF 算法的优越性也可以从表 5.1 中看出，表中给出了指定时间步上对应的滤波器绝对估计误差。需要注意的是，以后给出的表格中，突出的结果部分是在异常测量值的时间步上得到的结果。

表 5.1 在瞬时异常测量值的情况下，对常规最优卡尔曼滤波器（OKF）、具有 SMNSF 的 RKF 以及具有 MMNSF 的 RKF 滤波器的绝对估计误差比较

参数	常规 OKF 算法的误差绝对值		具有 SMNSF 的 RKF 算法误差绝对值		具有 MMNSF 的 RKF 算法误差绝对值	
	70 s	40 s	70 s	40 s	70 s	40 s
$\Delta u/(\text{m/s})$	3.4509	0.0609	0.0738	0.1009	0.0746	0.0093
$\Delta w/(\text{m/s})$	1.0658	0.0715	0.0419	0.177	0.0148	0.009
$\Delta q/(\text{rad/s})$	0.1541	0.0402	0.0011	0.1155	0.0905	0.0407
$\Delta\theta/\text{rad}$	2.6624	0.0139	0.003	0.0504	0.0165	0.0073
$\Delta h/\text{m}$	2.9367	0.0266	0.0203	0.1519	0.0492	0.0075
$\Delta\beta/\text{rad}$	0.0318	0.0283	0.0448	0.0015	0.0137	0.0145
$\Delta p/(\text{rad/s})$	0.006	0.0009	0.0047	0.0193	0.0894	0.0833
$\Delta r/(\text{rad/s})$	0.0085	0.0587	0.0424	0.0241	0.0195	0.0049
$\Delta\varphi/\text{rad}$	0.04	0.0931	0.1455	0.0156	0.0037	0.0606

当测量值出现错误时，具有 SMNSF 的 RKF 通过增加其比例因子进行补偿，对于这些时间步，考虑到了所有的测量值，每个值具有一个小的权重值。除此之外，具有 MMNSF 的 RKF 通过分别增加矩阵的相关比例因子来确保滤波器的鲁棒性。相关比例因子的增加降低了卡尔曼增益的相关分量，从而在状态估计过程中减少了错误测量值在新息序列中的累积效应。通过查看具有 SMNSF 的 RKF 的比例因数和具有 MMNSF 的 RKF 因数矩阵的一个标量值（迹、行列式和最大特征值）可以更好地理解这个过程。在表 5.2 中，可以查看作为一个标量值的比例矩阵迹。当在其他测量通道中增加误差时，能够获得相似的结果。

表 5.2 瞬时异常测量值情况下的 MNSF 研究

参数	20 s	40 s	45 s	50 s	60 s	90 s
具有 SMNSF 的 RKF 比例因子S_k	346	345	1	1	343	1
具有 MMNSF 的 RKF 比例矩阵的迹S_k^*	1094	1097	1	1	1095	1

即使两种 RKF 在瞬时异常测量值的情况下，都给出了相似的估计结果，具有 MMNSF 的 RKF 仍可以被看作更具优势的算法，因为这种算法独立地对错误的测量值进行考虑。具有 SMNSF 的 RKF，在忽略所有的测量值的时候，影响到了所有状态的估计过程。然而，由于异常测量值只加入到了一个测量通道，此时，不考虑其他相关的测量值就变得更加重要，特别是所构建的 UAV 滤波器数学模型在纵向和横侧向的动态进行了解耦。

5.4.2 连续测量偏差

通过在第 30~60s 之间添加一个常值的俯仰角测量值 $\Delta\theta$ 到俯仰角的测量值，形成连续的偏差项。如图 5.4 所示，OKF 未能准确地完成状态估计。与之相反，具有 SMNSF 的 RKF 显而易见地降低了估计误差，并给出了相对更好的估计输出（图 5.5）。在这种情况下，具有 MMNSF 的 RKF 相比具有 SMNSF 的 RKF 给出了更优的估计结果，该算法通过降低新息这一项 $\Delta\theta$ 测量值的影响，完全将该通道的偏差测量值引起的估计误差消除了（图 5.6）。由于该算法只是忽略了相关的测量值，通过使用其他正常运行传感器采集的数据，确保了在整个周期里的准确估计输出。当在其他测量通道中增加连续偏差时，也可能获取到相同的结果。

在具有连续测量偏差 $\Delta\theta$ 的情况下，对常规 OKF、具有 SMNSF 的 RKF 以及具有 MMNSF 的 RKF 性能的比较见表 5.3。

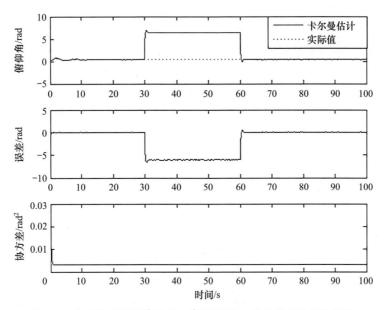

图 5.4　在连续偏差的情况下，常规 OKF 对俯仰角 θ 的估计结果

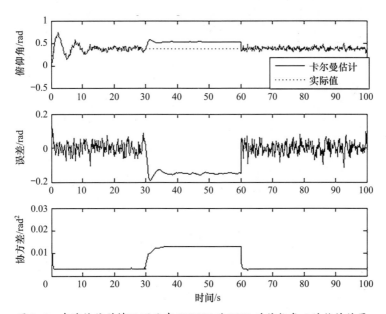

图 5.5　在连续偏差情况下具有 SMNSF 的 RKF 对俯仰角 θ 的估计结果

表 5.3 中，通过在 30s 的时间内计算（故障情况下在第 30 ~ 60s 之间进行计算；无故障的情况下，在第 65 ~ 95s 之间进行计算），给出了绝对误差值的时间平均值。

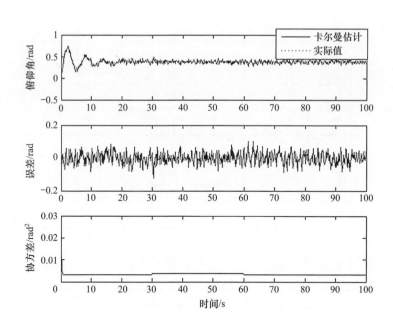

图5.6　在连续偏差情况下具有 MMNSF 的 RKF 对俯仰角 θ 的估计结果

表5.3　在测量值具有连续偏差的情况下，常规 OKF，具有 SMNSF 的
RKF 以及具有 MMNSF 的 RKF 算法平均估计误差绝对值的比较

参数	常规 OKF 算法的平均估计差绝对值		具有 SMNSF 的 RKF 算法平均估计误差绝对值		具有 MMNSF 的 RKF 算法平均估计误差绝对值	
	错误	没有错误	错误	没有错误	错误	没有错误
$\Delta u/(\mathrm{m/s})$	23.091	0.0906	1.9103	0.0982	0.0846	0.1066
$\Delta w/(\mathrm{m/s})$	6.9494	0.0605	0.3337	0.0603	0.0637	0.06
$\Delta q/(\mathrm{rad/s})$	0.7806	0.0535	0.2153	0.0518	0.0512	0.0515
$\Delta\theta/\mathrm{rad}$	6.0079	0.027	0.1473	0.0261	0.0225	0.0276
$\Delta h/\mathrm{m}$	12.9792	0.0792	2.6621	0.0855	0.082	0.086
$\Delta\beta/\mathrm{rad}$	0.0248	0.0227	0.0083	0.0212	0.023	0.0215
$\Delta p/(\mathrm{rad/s})$	0.0314	0.0327	0.0016	0.0311	0.0267	0.0332
$\Delta r/(\mathrm{rad/s})$	0.0238	0.0255	0.0078	0.0233	0.0219	0.0249
$\Delta\varphi/\mathrm{rad}$	0.0424	0.0441	0.009	0.0375	0.0327	0.0403

再次对比两种 RKF 比例因子的变化（表5.4）。

表5.4　连续测量值偏差情况下的 MNSF 研究

参数	20 s	40 s	45 s	50 s	60 s	90 s
具有 SMNSF 的 RKF 比例因子 S_k	1	290	303	294	297	1
具有 MMNSF 的 RKF 比例矩阵的迹 S_k^*	1	6583	9857	13123	18294	1

5.4.3　测量噪声增量

在第三种测量故障的情形下，测量错误表现为在第 30～60s 之间，在速度分量 Δu 的噪声协方差乘以一个常值。图 5.7～图 5.9 的显示中，OKF 输出包括误差，

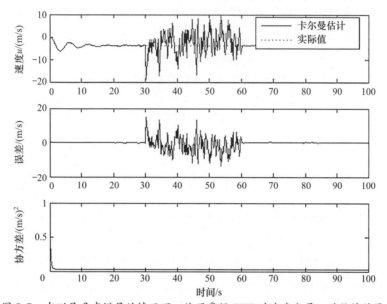

图 5.7　在测量噪声增量的情况下，使用常规 OKF 对速度分量 u 的估计结果

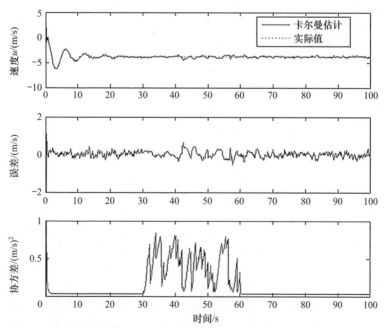

图 5.8　在测量噪声情况下具有 SMNSF 的 RKF 对速度分量 u 的估计结果

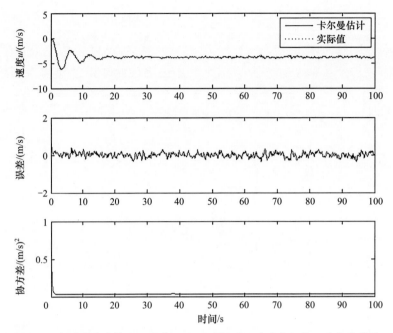

图 5.9　在测量噪声情况下具有 MMNSF 的 RKF 对速度分量 u 的估计结果

而 RKF 算法准确地实现了状态估计。在这种情况下，虽然已知在相同的时间，分别增加与错误测量值相关的比例因数相比，忽略所有的测量值更具优势，却不能通过查看估计结果，检测到具有 MMNSF 的 RKF 的优越性。将噪声增量添加到其他测量通道时，会得到相同的仿真结果。

　　表 5.5 所列为在测量噪声增量的情况下常规 OKF、具有 SMNSF 的 RKF 和具有 MMNSF 的 RKF 绝对估计误差平均值的比较。

表 5.5　在测量噪声增量（30s）的情况下常规 OKF、具有 SMNSF 的 RKF 以及具有 MMNSF 的 RKF 算法平均估计误差绝对值的比较

参数	常规 OKF 算法的平均估计误差绝对值		具有 SMNSF 的 RKF 算法平均估计误差绝对值		具有 MMNSF 的 RKF 算法平均估计误差绝对值	
	错误	没有错误	错误	没有错误	错误	没有错误
$\Delta u/(\mathrm{m/s})$	4.0183	0.0901	0.1571	0.0959	0.0836	0.112
$\Delta w/(\mathrm{m/s})$	1.2699	0.0656	0.0302	0.0644	0.052	0.0656
$\Delta q/(\mathrm{rad/s})$	0.1462	0.056	0.0197	0.0562	0.0524	0.0557
$\Delta\theta/\mathrm{rad}$	0.4319	0.0287	0.0177	0.0266	0.0243	0.0275
$\Delta h/\mathrm{m}$	1.336	0.0869	0.1411	0.0913	0.0818	0.0905
$\Delta\beta/\mathrm{rad}$	0.0227	0.0226	0.0328	0.0222	0.0225	0.0224
$\Delta p/(\mathrm{rad/s})$	0.0295	0.0314	0.0125	0.0308	0.0283	0.0316
$\Delta r/(\mathrm{rad/s})$	0.0233	0.0231	0.03	0.0214	0.0198	0.0221
$\Delta\varphi/\mathrm{rad}$	0.0455	0.0344	0.0443	0.0355	0.0388	0.0395

表 5.6 所列为比例因子和比例矩阵标量测量的变化。

表 5.6　在测量噪声增量情况下的 MNSF 研究

参数	20 s	40 s	45 s	50 s	60 s	90 s
具有 SMNSF 的 RKF 比例因子 S_k	1	279	1	254	6308	1
具有 MMNSF 的 RKF 比例矩阵的迹 S_k^*	1	9457	3973	18241	4935	1

5.4.4　零输出故障

最后一种测量故障场景中，假设不能够测量高度 Δh，相关的传感器给出 0 输出。这种故障非常容易模拟，只需在第 30 ~ 60s 之间将用于滤波器算法的 Δh 测量值置为 0。如图 5.10 所示，OKF 未能估计得到高度，并按照测量值给出了"0"的结果。与之相类似，尽管具有 SMNSF 的 RKF 在加入测量误差的初始阶段（大约在第 30 ~ 40s 之间）可以鲁棒地工作，但算法最终接受 Δh 的测量值为真值，并将其估计为"0"（图 5.11）。

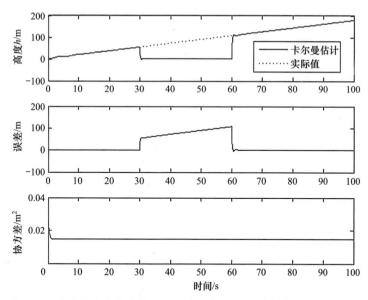

图 5.10　在零输出故障的情况下，使用常规 OKF 对高度 h 的估计结果

很明显，由于在这个周期内没有考虑正常的测量结果，从而影响到了具有 SMNSF 的 RKF 的估计过程。然而，具有 MMNSF 的 RKF 在这种情况下却表现良好，因为其仅仅忽略了错误的 Δh 测量结果，并使用来自所有其他正常运行的传感器新息项，准确地估计了所有状态（图 5.12）。这一结果也能够从表 5.7 中看到。

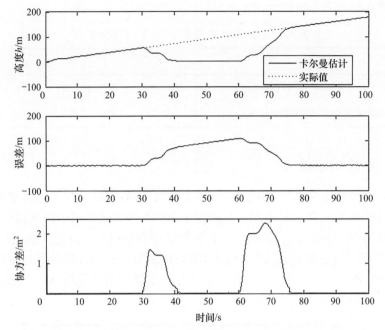

图 5.11　在零输出故障的情况下，具有 SMNSF 的 RKF 对高度 h 的估计结果

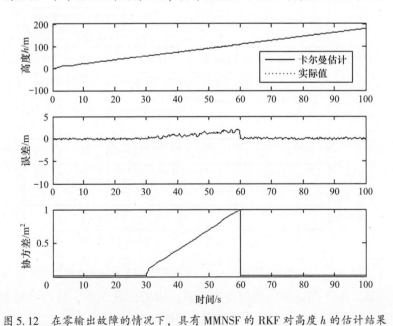

图 5.12　在零输出故障的情况下，具有 MMNSF 的 RKF 对高度 h 的估计结果

　　此外，RKF 的结果也能够通过研究比例因子和比例矩阵的标量测量值进行观察（表 5.8）。从表中可以看到，仅在故障场景的初始几步里，比例因子取一个比 1 大的数值，而矩阵标量测量值在整个过程中都保持增量。

表 5.7　在零输出故障（30s）的情况下，常规 OKF，具有 SMNSF 的 RKF
以及具有 MMNSF 的 RKF 算法平均估计误差绝对值的比较

参数	常规 OKF 算法的平均估计误差绝对值		具有 SMNSF 的 RKF 算法平均估计误差绝对值		具有 MMNSF 的 RKF 算法平均估计误差绝对值	
	错误	没有错误	错误	没有错误	错误	没有错误
$\Delta u/(\mathrm{m/s})$	3.45	0.1313	3.129	1.6054	0.1677	0.096
$\Delta w/(\mathrm{m/s})$	1.1045	0.0709	0.744	0.3416	0.0621	0.0606
$\Delta q/(\mathrm{rad/s})$	0.1388	0.048	0.3018	0.2252	0.0554	0.0529
$\Delta\theta/\mathrm{rad}$	0.2646	0.0297	0.3057	0.2664	0.0357	0.0278
$\Delta h/\mathrm{m}$	80.984	0.0852	71.2394	17.6275	0.9192	0.0954
$\Delta\beta/\mathrm{rad}$	0.0223	0.0236	0.0306	0.019	0.0211	0.0246
$\Delta p/(\mathrm{rad/s})$	0.0317	0.0336	0.0245	0.0204	0.0316	0.0321
$\Delta r/(\mathrm{rad/s})$	0.0235	0.0215	0.0273	0.0214	0.0187	0.0221
$\Delta\varphi/\mathrm{rad}$	0.0413	0.0384	0.041	0.0331	0.0404	0.041

表 5.8　在零输出故障情况下的 MNSF 研究

参数	20 s	40 s	45 s	50 s	60 s	90 s
具有 SMNSF 的 RKF 比例因子 S_k	1	36.0551	1	1	1	1
具有 MMNSF 的 RKF 比例矩阵的迹 S_k^*	1	125,149	158,130	192,833	275,062	1

5.5　稳定性讨论

这里提出的 RKF 与线性卡尔曼滤波器从结构上，可以将其认定为一种修正。
在这个意义上，对 RKF 的稳定性分析可以采用与线性卡尔曼滤波器相似的方法。
从文献［21］中可知，可以采用如下的系统特征多项式对线性卡尔曼滤波器的
稳定性进行分析：

$$特征多项式 = [z\boldsymbol{I} - (\boldsymbol{F}_k - \boldsymbol{K}_k\boldsymbol{H}_k\boldsymbol{F}_k)] \tag{5.14}$$

式中：z 为通常的 z 变换变量。

这个多项式的根提供了滤波器稳定性的信息。如果所有的根都位于 z 平面单
位圆内，滤波器稳定；与之相反，如果任意根位于 z 平面单位圆之外，滤波器不
稳定。从学术角度来讲，特征多项式的根与下式的特征值一致：

$$[(\boldsymbol{F}_k - \boldsymbol{K}_k\boldsymbol{H}_k\boldsymbol{F}_k)] \tag{5.15}$$

由此，对 RKF 完成相似的研究。首先查看具有 MMNSF 的 RKF 的情况。假
设用必要的等式替代卡尔曼滤波器增益，式（5.15）变为

$$\{F_k - [P_{k/k-1}\,H_k^{\mathrm{T}}\,(H_k\,P_{k/k-1}\,H_k^{\mathrm{T}} + S_k\,R_k)^{-1}]\,H_k\,F_k\}(对于具有 SMNSF 的 RKF)$$

(5.16)

$$\{F_k - [P_{k/k-1}\,H_k^{\mathrm{T}}\,(H_k\,P_{k/k-1}\,H_k^{\mathrm{T}} + S_k^*\,R_k)^{-1}]\,H_k\,F_k\}(对于具有 MMNSF 的 RKF)$$

(5.17)

现在可以求解式（5.16）和（5.17）的根。每一种故障情形下实现的仿真显示，两种 RKF 在一个测量故障的情况下是稳定的。虽然如此，具有 MMNSF 的 RKF 相比之下更为稳定，通常，只有一个根接近单位圆限制上的点。图 5.13 为具有 MMNSF 的 RKF 的零极点图。

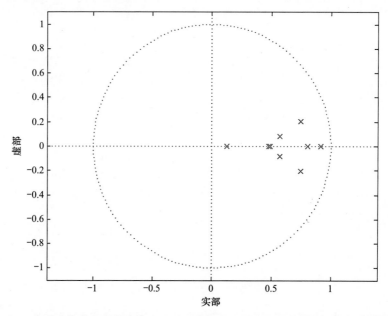

图 5.13　在瞬时异常测量值的情况下，具有 MMNSF 的 RKF 的零极点图（在第 20s）

图 5.13 是在第 20s 加入瞬时异常测量值故障时，获取到的零极点图。该图与在相同采样时间里的 OKF 图并没有太多不同。在使用具有 MMNSF 的自适应期间，相关的根（属于状态，通过比例矩阵对新息通道进行修正）在单位圆限制内进行移动，但它们并没有非常接近稳定性余度边界。另一方面，对于具有 SMNSF 的 RKF，由于在故障的情况下，忽略了整个新息向量，所有的根都移向了稳定性边界（图 5.14），并且，通常它们中的一个接近了边界值（|z|=1），所以稳定性特征变坏。

仿真结果显示，这里提出的 RKF 并没有不收敛的风险，它们都是稳定的。为了确保仿真输出的准确性，测试了一些更加严苛的故障情形（加入了更大的故障）。结果显示，故障的幅度并不是破坏滤波器稳定性的因素，RKF 的根在任意条件下都保持在单位圆内。

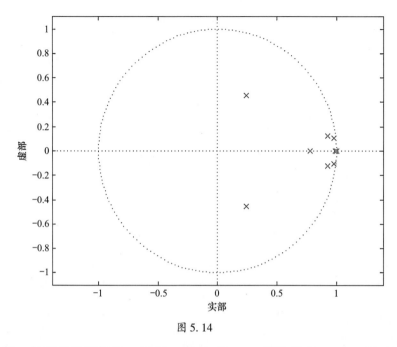

图 5.14

此外，仿真结果还显示，具有 MMNSF 的 RKF 相比具有 SMNSF 的 RKF 具有更好的稳定性特征。对于每一种故障情形，具有 MMNSF 的 RKF 都不像具有 SMNSF 的 RKF 那样接近稳定性限制（单位圆）。

5.6 结论和讨论

本章中，在当前估计出现测量故障时，设计了滤波器增益修正的 RKF 算法。通过使用比例因子变量，仅以较小的权重考虑错误的测量值，实现估计值的修正，同时又不影响准确测量值的特征。当前 RKF 中，滤波器修正仅针对测量系统故障的情形。

本章提出了具有一个和多个 MNSF 的 RKF 算法。在第一种情况下，通过使用一个比例因子作为修正项对滤波器增益进行自适应，在第二种情况下，多因子比例矩阵用于对卡尔曼增益矩阵的相关项进行修正。

将这里提出的具有一个和多个 MNSF 的 RKF 算法应用到了一个 UAV 平台的状态估计过程。在 4 种不同测量故障情形下对算法进行了测试，并与相同情形下 OKF 的输出结果进行了比较，这 4 种故障情形为：瞬时异常测量值，测量值的连续偏差，测量噪声增量，以及零输出故障。在所有的 4 种情况下，RKF 算法能够对测量故障保持鲁棒，OKF 出现故障。仿真结果对比显示，具有 MMNS 的 RKF 算法性能相比具有 SMNSF 的 RKF 要好。具有 MMNSF 的 RKF 算法优势在测量值连续偏差和零传感器输入故障的情况下，显得更为明显。此外，稳定性分析的仿真表明，两种 RKF 算法在故障的情况下都是稳定的，但是具有 MMNSF 的 RKF 相比具有 SMNSF 的 RKF 稳定性特征更好。

这里提出的方法并不需要故障的先验统计特征，并能够用于线性和非线性系统。而且，这里提出的 RKF 算法便于在实际中实现，而且造成的计算机负担并不重。从为自主无人机飞行控制系统提供可靠参数估计的角度看，这些特点使得以上算法非常重要。

参考文献

1. White NA, Maybeck PS, DeVilbiss SL (1998) Detection of interference/jamming and spoofing in a DGPS-aided inertial system. IEEE Trans Aerosp Electron Syst 34(4):1208–1217. doi:10.1109/7.722708

2. Zhang Y, Li XR (1997) Detection and diagnosis of sensor and actuator failures using interacting multiple-model estimator. In: Proceedings of the 36th IEEE conference on decision and control, San Diego, CA, December 1997, vol 5, pp 4475–480. doi:10.1109/CDC.1997.649671

3. Maybeck PS (1999) Multiple model adaptive algorithms for detecting and compensating sensor and actuator/surface failures in aircraft flight control systems. Int J Robust Nonlinear Control 9(14):1051–1070

4. Mehra RK (1970) On the identification of variances and adaptive Kalman filtering. IEEE Trans Autom Control 15(2):175–184

5. Maybeck PS (1982) Stochastic models, estimation, and control, vol I and II. Academic, New York

6. Salychez OS (1994) Special studies in dynamic estimation procedures with case studies in inertial surveying, ENGO 699.26 lecture notes. Department of Geomatics Engineering, University of Calgary, Calgary

7. Mohamed AH, Schwarz KP (1999) Adaptive Kalman filtering for INS/GPS. J Geod 73(4):193–203

8. Wang J, Stewart MP, Tsakiri M (2000) Adaptive Kalman filtering for integration of GPS with GLONASS and INS. In: Proceedings of Geodesy Beyond 2000: the challenges of the first decade, Birmingham, July 1999, pp 325–330

9. Sasiadek JZ, Wang Q (1999) Sensor fusion based on fuzzy Kalman filtering for autonomous robot vehicle. In: Proceedings of the 1999 IEEE international conference on robotics and automation, Detroit, MI, May 1999, vol 4, pp 2970–2975. doi:10.1109/ROBOT.1999.774048

10. Zhang ST, Wei XY (2003) Fuzzy adaptive Kalman filtering for DR/GPS. In: Proceedings of the second international conference on machine learning and cybernetics, Xi-an, China, November 2003, vol 5, pp 2634–2637

11. Escamilla-Ambrosio PJ, Mort N (2003) Hybrid Kalman filter-fuzzy logic adaptive multisensor data fusion architectures. In: Proceedings of the 42nd IEEE conference on decision and control, Maui, HI, December 2003, vol 5, 5215–5220. doi:10.1109/CDC.2003.1272465

12. Hu C, Chen W, Chen Y, Liu D (2003) Adaptive Kalman filtering for vehicle navigation. J Glob Position Syst 2(1):42–47

13. Hide C, Moore T, Smith M (2004) Adaptive Kalman filtering algorithms for integrating GPS and low cost INS. In: Proceedings of the position location and navigation symposium (PLANS), Monterey, CA, April 2004, pp 227–233

14. Ding W, Wang J, Rizos C, Kinlyside D (2007) Improving adaptive Kalman estimation in GPS/INS integration. J Navig 60(3):517–529. doi:10.1017/S0373463307004316

15. Jwo DJ, Weng TP (2008) An adaptive sensor fusion method with applications in integrated navigation. J Navig 61(4):705–721. doi:10.1017/S0373463308004827

16. Kim KH, Lee JG, Park CG (2006) Adaptive two-stage Kalman filter in the presence of unknown random bias. Int J Adapt Contr Signal Process 20(7):305–319. doi:10.1002/acs.900

17. Hajiyev C (2007) Adaptive filtration algorithm with the filter gain correction applied to integrated INS/radar altimeter. Proc Inst Mech Eng Part G J Aerosp Eng 221(5):847–885. doi:10.1243/09544100JAERO173

18. Geng Y, Wang J (2008) Adaptive estimation of multiple fading factors in Kalman filter for navigation applications. GPS Solutions 12(4):273–279. doi:10.1007/s10291-007-0084-6

19. Hajiyev Ch, Soken HE (2009) Adaptive Kalman filter with the filter gain correction applied to UAV flight dynamics. In: Proceedings of the 17th Mediterranean conference on control and automation, Thessaloniki, Greece, 24–26 June 2009

20. Soken HE, Hajiyev C (2010) An adaptive sensor fusion method applied to UAV dynamics. In: Proceedings of the international unmanned vehicles workshop (UVW2010), Istanbul, llxrkey, 10–12 June 2010, pp 57–62

21. Hajiyev C, Caliskan F (2003) Fault diagnosis and reconfiguration in flight control systems. Kluwer Academic Publishers, Boston

22. Hajiyev Ch, Soken HE (2009) Adaptive Kalman filter with multiple fading factors for UAV state estimation. In: Proceedings of the 7th IFAC international symposium on fault detection, supervision and safety of technical processes (SafeProcess 2009), Barcelona, Spain, 30 June–3 July, pp 77–82

23. Hajiyev C, Soken HE (2010) Robust estimation of UAV dynamics in the presence of measurement faults. J Aerosp Eng 25(1):80–89

第 6 章　传感器/执行器故障时的无人机动力学估计

6.1　引言

设计一个可靠的系统离不开高质量组件。但是，仅采用高质量组件并不能完全降低系统故障概率，还需要采用一些容错控制方法。

实际上，飞行控制系统是含有多嵌入式反馈环的多输入/多输出反馈控制系统，可以满足不同性能需求，包括增强稳定性、自动导航和推力控制等。飞控计算机故障检测和隔离算法通常通过数字计算机的信号处理技术实现，因此，计算机和电子元器件的可靠性对系统正常运行十分关键。其中，计算机子系统、线路、传感器、控制面和/或执行器都有可能发生故障。这里，从控制的角度来研究故障检测问题，因此，假定计算机子系统和线路无故障，而仅对传感器、控制面和执行器故障进行研究。

文献 [1] 提出一种影响卡尔曼滤波新息均值的飞行器传感器/执行器故障检测隔离方法，先分析了传感器/执行器故障对新息的影响，然后提出一种故障隔离的决策方法。这种方法是有效的，但它仅对特定条件下传感器/执行器故障对新息均值的影响展开研究，并不适合所有不同故障类型应用。此外，给定测量噪声方差自适应过程也较难实现。

另一种是通过乘以一个时间相关的变量得到噪声方差矩阵的方法，自适应卡尔曼滤波器可对测量噪声方差矩阵 R 和过程噪声方差矩阵 Q 进行调整。Q 和 R 矩阵估计 （或测量） 要符合以下任一情况[2]：

（1） Q 不变，尝试改变 R 直到获得真实值，使得滤波器得到稳定状态估计。在这种情况下，Q 矩阵必须完全已知。

（2） 如果 R 完全已知且给定，那么改变 Q 矩阵。

（3） 同时改变 Q 和 R，这种情况下，二者均未知。

当按比例放大过程噪声方差矩阵 Q，意味着有一个执行器故障被补偿。当按比例缩放测量噪声方差矩阵 R 时，处理的是传感器故障。文献 [3-5] 给出基于单衰落因子和多信号衰落因子的自适应过程。采用多衰落因子实质上是故障对估计状态性能的不同影响。尤其是研究了故障对复杂多变量系统状态的影响，而不仅仅针对单一因子、多衰落因子的矩阵形式 （每一状态自适应的权重不同）。然而，不足的是，文献［3－5］只考虑单一 Q 自适应过程，而未研究 R 自适应调节方法。而在文献［6－9］中只研究了简单的 R 自适应的传感器故障，未研究 Q 自适应。研究表明，如果测量系统发生故障，利用鲁棒自适应卡尔曼滤波（RAKF）算法，通过测量噪声比例因子（MNSF）作为测量噪声协方差的乘数。文献［10］针对非线性估计问题，类似于 R 自适应算法，将一个类似的自适应算法应用于无迹卡尔曼滤波器。

此外，文献［11-13］同时给出 R－自适应和 Q－自适应的研究。但未研究故障隔离方案，没有对传感器/执行器故障时 RAFK 操作进行描述。这些滤波器能够检测系统是否有故障，但是故障类型无法确定。文献并没有研究故障隔离方案，而是对 R 和 Q 自适应过程进行了研究。但是，文献［2］指出，基于协方差匹配的 R 和 Q 完全估计存疑，因为这两个值在协方差匹配方程中互相依赖。因此，在存在传感器/执行器故障时，这些滤波器无法可靠估计 UAV 的动力学特性。这些问题可以通过故障隔离和鲁棒自适应滤波技术完成。此外，文献提出的方法都是基于单一自适应因子的，对于复杂多变量系统，它们不够精确。

本章研究了一种稳定条件下，传感器/执行器故障时 R 和 Q 自适应 RAKF。滤波器检测各类故障（无论传感器还是执行器）后进行隔离。然后，应用适合的 R 自适应或 Q 自适应调节，而估计特性不受影响。与现有研究不同的是，提出的同时对 R 和 Q 进行自适应调节的方法非常简便，且通过小修正就能应用于卡尔曼滤波中。本章还对故障隔离时，这两类不同自适应过程的合并进行研究。因此，RAKF 算法是一种对传感器/执行器故障检测和隔离的完全估计方法，将 RAKF 应用于对无人机状态估计过程，与最佳卡尔曼滤波（OKF）对比，表明其有效性。

6.2　多种自适应因子下的 Q－自适应

当系统中出现执行器故障时，导致控制分布矩阵发生变化。同样的方式对 R 自适应调节的过程中，新息协方差的真实误差超过理论方差。因此，Q 自适应的基本前提是为矩阵 Q 获得一个适合的乘法矩阵，使得新息协方差的真实和理论值相匹配。因此，如果在算法中加入一个由多种衰减因子组成的衰减矩阵 $\Lambda_k^{[14-17]}$：

$$\frac{1}{\mu} \sum_{j=k-\mu+1}^{k} \tilde{e}_j \tilde{e}_j^{\mathrm{T}} = H_k (F_k P_{k-1/k-1} F_k^{\mathrm{T}} + \Lambda_k G_k Q_k G_k^{\mathrm{T}}) H_k^{\mathrm{T}} + R_k \qquad (6.1)$$

衰减矩阵可以表示为

$$\Lambda_k = H_k^{-1} \left(\frac{1}{\mu} \sum_{j=k-\mu+1}^{k} \tilde{e}_j \tilde{e}_j^{\mathrm{T}} - H_k F_k P_{k-1/k-1} F_k^{\mathrm{T}} H_k^{\mathrm{T}} - R_k \right) (G_k Q_k G_k^{\mathrm{T}} H_k^{\mathrm{T}})^{-1} \qquad (6.2)$$

当 $H_k = 1$ 时，式（6.2）为

$$\Lambda_k = \left(\frac{1}{\mu} \sum_{j=k-\mu+1}^{k} \tilde{e}_j \tilde{e}_j^{\mathrm{T}} - F_k P_{k-1/k-1} F_k^{\mathrm{T}} - R_k \right) (G_k Q_k G_k^{\mathrm{T}})^{-1} \qquad (6.3)$$

由于矩阵 Q 必须是一个对角线的正定矩阵，因此，得到的衰落矩阵应该以与 R 自适应类似的方式进行对角化：

$$\Lambda^* = \mathrm{diag}(\lambda_1^*, \lambda_2^*, \cdots, \lambda_n^*) \tag{6.4}$$

其中，

$$\lambda_i^* = \max\{1, \Lambda_{ii}\}, \quad i = 1, 2, \cdots, n \tag{6.5}$$

式中：Λ_{ii} 为矩阵 Λ 的第 i 个对角线元素。

另外，如果系统中出现执行器故障，则估计过程中必须包含 Λ_k^*：

$$P_{k/k-1} = F_k P_{k-1/k-1} F_k^{\mathrm{T}} + \Lambda_k^* G_k Q_k G_k^{\mathrm{T}} \tag{6.6}$$

6.3　Q 自适应和 R 自适应的融合方法

归咎于比例因子和衰落矩阵，RAKF 估计误差的协方差比 OKF 大。因此，只有出现故障时才采用 RAKF 算法，其他情况下，都按常规 OKF 优化运行。故障检测过程中，在每个估计步骤检查一个统计学方程。从这点上，可以引入以下两种假设。

γ_0：系统运行正常。

γ_1：估计系统有故障。

为了检测故障，定义采用的统计学方程为

$$\beta_k = \tilde{e}_k^{\mathrm{T}} [H_k P_{k/k-1} H_k^{\mathrm{T}} + R_k]^{-1} \tilde{e}_k \tag{6.7}$$

这个统计学方程的 χ^2 分布有 M 个自由度（M 为新息向量的维数）。

若显著性水平 α 为

$$P\{\chi^2 > \chi_{\alpha,M}^2\} = \alpha, 0 < \alpha < 1 \tag{6.8}$$

可找到阈值 $\chi_{\alpha,M}^2$。因此，当假设 γ_1 正确时，统计值 β_k 大于阈值 $\chi_{\alpha,M}^2$，即

$$\begin{cases} \gamma_0 : \beta_k \leqslant \phi_{\alpha,M}^2, \forall k \\ \gamma_1 : \beta_k > \phi_{\alpha,M}^2, \exists k \end{cases} \tag{6.9}$$

另一方面，在系统检测后，关键是检测故障类型（传感器还是执行器故障）。然后，再应用适当的自适应性（R 自适应或 Q 自适应）[15-17]。故障隔离可以使用某种算法来实现，该算法与文献 [18] 中提出应用于飞机的算法相似。当使用常规卡尔曼滤波，无论传感器还是执行器故障，决策统计量都会改变。若采用基于 Doyle-Stein 条件的 RKF，就很容易区分传感器还是执行器故障。文献 [18] 给出 RKF 满足的 Doyle-Stein 条件，由于 RKF 对执行器故障不敏感，因此在研究中也可用于故障隔离。然后，可以应用适当的自适应性（R 自适应或 Q 自适应）。Doyle-Stein 条件为

$$K(I + H\Phi_s K)^{-1} = B_s(H\Phi_s B_s)^{-1} \tag{6.10}$$

式中：K 为滤波器增益；I 为单位矩阵；H 为系统测量矩阵；B 为连续时间控制分布矩阵；$\Phi_s = (sI - F_s)^{-1}$；F_s 为连续时间系统矩阵。

RKF 对传感器和控制平面故障隔离非常有效，但对后一种故障不敏感。如果卡尔曼滤波过程噪声协方差矩阵为

$$\boldsymbol{Q}(qr) = \boldsymbol{Q} + q_r^2 \boldsymbol{B}_s \boldsymbol{V} \boldsymbol{B}_s^{\mathrm{T}} \tag{6.11}$$

则滤波器对执行器故障具有鲁棒性。其中，$\boldsymbol{Q}$ 为故障对象的过程噪声协方差矩阵，q_r 为随着滤波器鲁棒性增加而趋于无穷大的参数，$\boldsymbol{V}$ 为传感器故障的正定对称矩阵。

如果传感器故障，对 $\boldsymbol{R}$ 自适应调节；否则，该过程将继续进行 $\boldsymbol{Q}$ 自适应调节。图 6.1 所示为鲁棒自适应卡尔曼滤波算法系统构架，总结了集成 $\boldsymbol{R}$ 自适应和 $\boldsymbol{Q}$ 自适应的过程。这种新的滤波器集成了鲁棒性和自适应卡尔曼滤波，称为 RAKF。

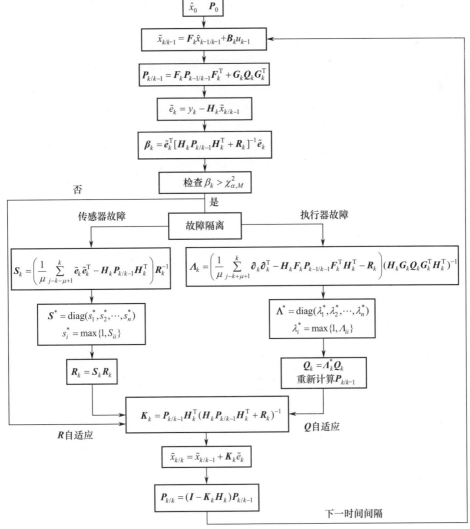

图 6.1　鲁棒自适应卡尔曼滤波（RAKF）算法系统架构

6.4　数值举例

为了检验所提出 RAKF 的有效性，将其应用于 Zagi 无人机状态估计，仿真实现需要 1000 步，100s 内按 $\Delta t = 0.1$s 进行采样。

在传感器/执行器故障时，对 OKF 进行仿真，与 RAKF 算法结果对比，更显示出所提算法的有效性。

但是，在故障检测中，$\chi_{\alpha,m}^2 = 21.7$，这是由自由度为 9、可靠性水平 99% 的卡方分布得到的。

本节中所有图由 3 个子图组成：最上面子图给出 OKF 或 RAKF 状态估计结果和实际值比较；中间子图是 UAV 实际状态值估计过程误差；最下面是卡尔曼滤波估计误差协方差矩阵对角线分量的估计方差。

仿真中，进行了故障检测、隔离程序测试，同时采用 RAKF 算法，系统中对两种不同故障进行处理。首先，俯仰角测量中加入常数项引起传感器故障（常数项大小与测量值基本相同，所以测量大小是那些瞬间时刻的两倍），$\Delta\theta$ 在第 30 ~ 50s 之间。同时，为检查故障隔离成功与否，是否正常从一个自适应阶段切换到另一个，当作另一个故障，通过将纵向控制的第一列元素分布矩阵在第 80 ~ 90s 取为零，模拟了执行器故障。使用 OKF 的统计量 β_k 如图 6.2 所示，可以看出，除了执行器和传感器同时故障外，β_k 低于阈值。

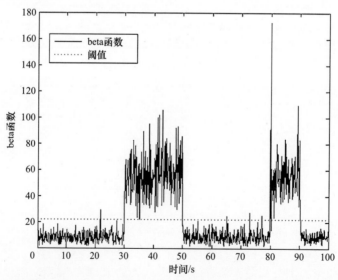

图 6.2　OKF 在测量故障（第 30 ~ 50s）和执行器故障（第 80 ~ 90s）时统计量 β_k 的结果

相反，当其中一个发生故障，β_k 迅速增长超过阈值，因此，判定 γ_1 假设正确，且表明使用该方法可以检测出故障，故障隔离过程结果如图 6.3 所示。

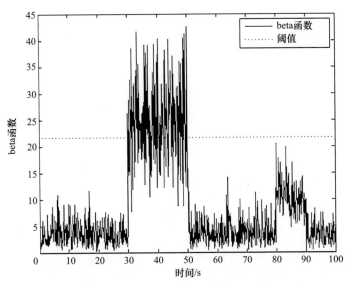

图 6.3　对执行器故障不敏感的 RKF 在测量故障（第 30 ~ 50s）
和执行器故障（第 80 ~ 90s）时统计量 β_k 的结果

如前所述，故障隔离中，RKF 对执行器故障不敏感。从执行器/传感器故障时的统计量 β_k 可以看出，采用 RKF 时不可能检测出执行器故障，因为 RKF 对执行器故障不敏感。另外，立即检出传感器故障，因此可以通过这个过程来实现故障隔离，利用对传感器故障敏感、对执行器故障不敏感的 RKF 对所提出 RKF 算法中的传感器和执行器故障进行隔离（图 6.1）。

传感器/执行器故障时的 RAKF 算法的第一个故障场景测试结果如图 6.4 和图 6.5 所示。显然，精确检出故障类型，RAKF 根据相应的自适应规则调节，RAKF 算法首先通过式（6.7）~ 式（6.9）给出的故障隔离过程检测故障。然后采用基于 Doyle - Stein 条件下的 RKF 进行故障隔离，对传感器和执行器故障进行区分。最后一步调节第 30 ~ 50s 的 R 矩阵和第 80 ~ 90s 的 Q 矩阵。

如图 6.4 和图 6.5 所示，在传感器故障和执行器故障两种情况下，OKF 都能保证整个估计结果准确，这证明了 3 个事实。

（1）故障检测过程正常，系统故障检测无延迟。

（2）采用基于 Doyle-Stein 条件 RKF，可以区分故障类型，RAKF 决定对故障采取合适的自适应程序。

（3）本章提出两种自适应方法均正常工作。

但是，执行器和偏差传感器故障时，OKF 和 RAKF 两种滤波器性能见表 6.1，在表中，误差平均绝对值计算时间为 10s，给出三种情况：传感器故障、执行器故障和无故障。表中结果表明，在传感器/执行器故障时，OKF 对所有纵向过程估计变差，而 RAKF 仍能准确估计整个过程。由于无人机采用解耦功力

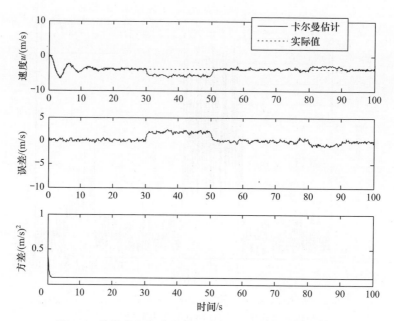

图 6.4　执行器和偏差传感器故障时 OKF 的速度 u 估计

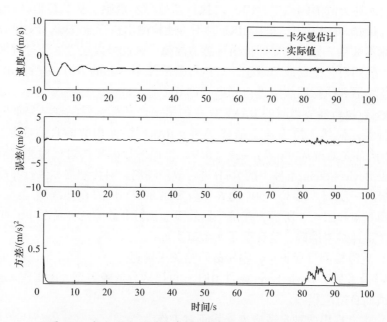

图 6.5　执行器和偏差传感器故障时 RAKF 的速度 u 估计

学，任何纵向通道故障（例如测量 $\Delta\theta$ 时的传感器故障或影响纵向控制导数的执行器故障）不会像预想那样对横向状态产生影响。这一事实使得在两种自适应过程中，使用多个自适应因子的重要性更加突显。

表 6.1　执行器和偏差传感器故障时，OKF 和 RAKF
两种滤波器误差平均绝对值对比

参数	常规 OKF 误差平均绝对值			RAKF 误差平均绝对值		
	传感器故障	正常执行	执行器故障	传感器故障	正常执行	执行器故障
$\Delta u/(\text{m/s})$	1.8799	0.1891	0.8116	0.0528	0.0578	0.1815
$\Delta w/(\text{m/s})$	0.6762	0.0931	1.1939	0.0649	0.0611	0.2678
$\Delta q/(\text{rad/s})$	0.0604	0.0621	0.1602	0.0521	0.0542	0.0686
$\Delta\theta/\text{rad}$	0.6497	0.053	0.0796	0.0161	0.0132	0.0325
$\Delta h/\text{m}$	0.5493	0.1059	0.1273	0.0644	0.0636	0.0932
$\Delta\beta/\text{rad}$	0.0319	0.0302	0.0338	0.0123	0.0155	0.0165
$\Delta p/(\text{rad/s})$	0.0514	0.0556	0.0538	0.0282	0.0257	0.0304
$\Delta r/(\text{rad/s})$	0.0508	0.045	0.0465	0.0115	0.0146	0.0163
$\Delta\varphi/\text{rad})$	0.0758	0.0786	0.0805	0.0167	0.0192	0.0349

　　第二个测试场景 RAKF 算法，这里，传感器故障特点是第 30～50s 常数项构成的 Δu 乘以测量噪声方差。执行器故障时场景一致，图 6.6 表明，OKF 输出存在误差，此时，RAKF 算法能够准确估计状态。然而，第二个场景的另一个结果具有良好故障隔离性能，无论故障类型如何，隔离方案均能有效区分故障类型，RAKF 工作正常。

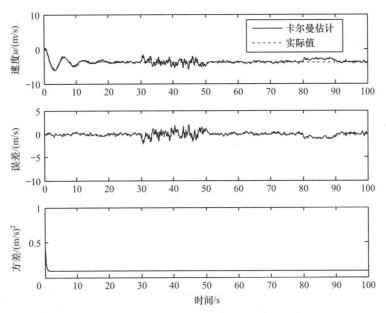

图 6.6　执行器和噪声控制传感器故障时 OKF 的速度 u 估计

为了清晰表明结果，表6.2给出误差平均绝对值对比。

表6.2 执行器和噪声控制传感器故障时，OKF和RAKF
两种滤波器误差平均绝对值对比

参数	常规 OKF 误差平均绝对值			RAKF 误差平均绝对值		
	传感器故障	正常执行	执行器故障	传感器故障	正常执行	执行器故障
$\Delta u/(m/s)$	0.6235	0.2317	0.8352	0.0819	0.0635	0.1301
$\Delta w/(m/s)$	0.2588	0.1482	1.1963	0.0687	0.0626	0.2621
$\Delta q/(rad/s)$	0.0611	0.0673	0.1505	0.055	0.0508	0.0711
$\Delta\theta/rad$	0.0653	0.0621	0.0688	0.0115	0.0155	0.0376
$\Delta h/m$	0.1101	0.1	0.1323	0.0826	0.0733	0.0785
$\Delta\beta/rad$	0.0355	0.0392	0.0319	0.0163	0.0149	0.0134
$\Delta p/(rad/s)$	0.0497	0.0465	0.0553	0.0308	0.026	0.0265
$\Delta r/(rad/s)$	0.0456	0.0443	0.0449	0.0135	0.013	0.0112
$\Delta\varphi/rad$	0.08	0.0694	0.0695	0.0262	0.0196	0.0359

6.5 结束语

本章首先给出了具有多自适应因子的 Q 自适应执行器故障补偿方法。在此基础上，提出了一种适用于传感器/执行器故障的具有 R 自适应和 Q 自适应特性的 RAKF 系统。

为了保证算法鲁棒性，本章提出的 RAKF 算法结合了 R 自适应和 Q 自适应过程，针对传感器/执行器故障进行调节。滤波器首先检测故障类型（传感器或执行器）后进行隔离。然后通过适合的自适应调节（R 自适应和 Q 自适应）使估计特性不恶化，所提出的自适应方法对 R 自适应和 Q 自适应都较简单，只需对卡尔曼滤波器稍加修改即可应用。

本章中，展示了如何将这两种不同的自适应过程进行结合，以便故障隔离。因此，RAKF 算法是一个完全估计，包括传感器/执行器故障的故障检测和隔离过程。当使用常规卡尔曼滤波时，无论故障发生在传感器还是执行器，决策统计量都会发生变化。而当采用基于 Doyle-Stein 条件的 RKF 时，传感器和执行面/执行器故障较易识别。将 RAKF 应用于某型无人机的状态估计方程，并与 OKF 在故障情况下进行对比，证明其有效性。该算法在传感器或执行器发生故障时，仍能给出准确估计结果，对无人机控制系统具有重要意义。对于无人机普遍存在的恶劣环境，遇到任何类型的故障的概率都很高，因此，选择 RAKF 算法而不是OKF 算法更具优势。

参考文献

1. Hajiyev C, Caliskan F (2000) Sensor/actuator fault diagnosis based on statistical analysis of innovation sequence and robust Kalman filtering. Aerosp Sci Technol 4:415–422. doi:10.1016/S1270-9638(00)00143-7
2. Almagbile A, Wang J, Ding W (2010) Evaluating the performances of adaptive Kalman filter methods in GPS/INS integration. J Glob Position Syst 9:33–40. doi:10.5081/jgps.9.1.33
3. Hu C, Chen W, Chen Y, Liu D (2003) Adaptive Kalman filtering for vehicle navigation. J Glob Position Syst 2(1):42–47
4. Ding W, Wang J, Rizos C, Kinlyside D (2007) Improving adaptive Kalman estimation in GPS/INS integration. J Navig 60(3):517–529. doi:10.1017/S0373463307004316
5. Geng Y, Wang J (2008) Adaptive estimation of multiple fading factors in Kalman filter for navigation applications. GPS Solutions 12(4):273–279. doi:10.1007/s10291-007-0084-6
6. Hajiyev C (2007) Adaptive filtration algorithm with the filter gain correction applied to integrated INS/radar altimeter. Proc Inst Mech Eng Part G J Aerosp Eng 221(5):847–855. doi:10.1243/09544100JAERO173
7. Hajiyev Ch, Soken HE (2009) Adaptive Kalman filter with the filter gain correction applied to UAV flight dynamics. In: Proceedings of the 17th Mediterranean conference on control and automation, Thessaloniki, Greece, 24–26 June 2009
8. Hajiyev Ch, Soken HE (2009) Adaptive Kalman filter with multiple fading factors for UAV state estimation. In: Proceedings of the 7th IFAC international symposium on fault detection, supervision and safety of technical processes (SafeProcess 2009), Barcelona, Spain, 30 June–3 July, pp 77–82
9. Hajiyev C, Soken HE (2010) Robust estimation of UAV dynamics in the presence of measurement faults. J Aerosp Eng 25(1):80–89
10. Soken HE, Hajiyev C (2010) Pico satellite attitude estimation via robust unscented Kalman filter in the presence of measurement faults. ISA Trans 49(3):249–256. doi:10.1016/j.isatra.2010.04.001
11. Jwo DJ, Weng TP (2008) An adaptive sensor fusion method with applications in integrated navigation. J Navig 61(4):705–721. doi:10.1017/S0373463308004827
12. Jwo DJ, Chang SC (2009) Particle swarm optimization for GPS navigation Kalman filter adaptation. Aircr Eng Aerosp Technol Int J 81:343–352. doi:10.1108/00022660910967336
13. Kim KH, Lee JG, Park CG (2006) Adaptive two-stage Kalman filter in the presence of unknown random bias. Int J Adapt Control Signal Process 20(7):305–319. doi:10.1002/acs.900
14. Hajiyev Ch, Soken HE (2011) Fault tolerant estimation of UAV dynamics via robust adaptive Kalman filter. In: Proceedings of the special international conference on complex systems: synergy of control, communications and computing (COSY 2011), Ohridi, Republic of Macedonia, 16–20 September 2011, pp 311–320
15. Hajiyev C, Soken HE (2013) Robust adaptive Kalman filter for estimation of UAV dynamics in the presence of sensor/actuator faults. Aerosp Sci Technol 28(1):376–383. doi:10.1016/j.ast.2012.12.003
16. Hajiyev C, Soken HE (2013) Robust self-adaptive Kalman filter with the R and Q adaptations against sensor/actuator failures. In: Zhang WJ (ed) Self-organization: theories and methods. Nova Science Publishers, New York
17. Hajiyev C, Soken HE (2015) Fault tolerant estimation of UAV dynamics via robust adaptive Kalman filter. In: Dimirovski GM (ed) Complex systems: relationships between control, communications and computing. Springer (in press), Berlin
18. Hajiyev C, Caliskan F (2005) Sensor and control surface/actuator failure detection and isolation applied to F-16 flight dynamics. Aircr Eng Aerosp Technol Int J 77:152–160

第7章 无人机大气数据系统的故障检测、隔离和数据融合

7.1 简介

为了使无人飞行器（UAV）顺利执行并完成使命任务，当传感器测量发生故障时，需要获取适合的大气测量数据。为了产生这些适合的数据，需要做到：测量系统的故障检测及隔离、确定最适合的数据、运用其他测量数据进行估计、并使用可用的测量方法（决策算法）获得最适合的数据。这方面的研究涉及许多不同的技术[1-10]。如下是其中的一些。

在参考文献［1］中，提出了采用扩展卡尔曼滤波（EKF）结构的方法对参数进行测量，并利用包含冗余传感器的飞行器动力学模型，验证了该方法的有效性。在非线性系统中同时使用多个扩展卡尔曼滤波器进行故障检测，这是一种已有的方法，但是，协方差矩阵的初值通常由专家决定。本章提出一种确定最优协方差矩阵的新方法。

参考文献［2］提出了两种将无人机惯性导航系统（Inertial Navigation System, INS）和精确动力学模型测量相结合的融合方法。为了减小惯导系统不断增长的误差，以得到更好的测量结果，利用 EKF 对动力学模型的测量结果进行积分。在该研究中，利用该系统的误差模型，采用滤波技术对 INS 与飞机模型（FVM）测量值之间的误差进行估计。第一种方法是基于比较 INS 和 FVM 产生的速度和欧拉角测量值提出的，其中，惯性测量单元（IMU）的加速度和角速度的误差，INS 速度和欧拉角误差，FVM 速度和欧拉角误差都是确定的，并用于获取更好的测量数据。第二种方法中，FVM 的加速度和角速度估计值用于 IMU 的校准。利用 FVM 误差模型，对加速度和角速度测量误差进行了估计。

参考文献［3］研究了基于数据融合技术的传感器故障检测方法。在该研究中，用 EKF 法进行数据融合。提出了一种根据 EKF 残差协方差，对传感器的噪声协方差矩阵进行更新的自适应方法。这种新方法称为自适应修正扩展卡尔曼滤波（AMEKF）算法。AMEKF 系统对影响正常滤波条件的系统噪声和传感器噪声协方差矩阵进行估计，得到校准误差。

参考文献［4］研究了一种基于弱模型的传感器突发故障检测方法。该研究中，利用传感器的某些特性获取故障检测所需的信号。该方法采用一个小型飞机

和环境模型进行仿真，其中包括传感器噪声、风效应和湍流。仿真考虑了攻角（AOA）传感器故障。

参考文献［5］提出一种非线性飞行模型检测输入输出传感器故障的新方法。该研究中，采用多项式残差发生器结构。该方法对故障具有鲁棒性，可以滤除掉误差信号，减少线性化和测量中引起的加性噪声和误差的影响。传感器的输入误差分为已知输入、干扰和故障向量。所设计的系统通过多项式描述各输入输出关系，利用残差进行故障检测和隔离。相同的故障条件下，采用不同的故障检测方法，对所提方法进行评价。为此，还研究了非线性几何方法（NLGA）、未知输入卡尔曼观测器（UIKF）和神经网络（NN）。

参考文献［6］提出了神经网络法，用于故障检测和隔离（FDI），并用于非线性无人机模型。该研究中，设计了径向基函数（RBF）型的神经网络用于建模。针对故障误差，提出一种新的残差生成技术。研究了非线性无人机模型，利用纵向方程对俯仰角陀螺故障进行仿真。

参考文献［7］研究了与文献［4］中类似的系统。FDI 仍使用了传感器信号特性。与文献［4］设计描述相同，除了动态依赖滤波器结构，由线性自回归变为池状自回归（PAR）。该方法通过改变文献［4］中滤波器的线性结构，获得更优结果。结果表明是更优的，见文献［4］。

参考文献［8］，交互式多模型（IMM）和无迹卡尔曼滤波（UKF）方法用于非线性飞行动力学的故障检测。给出了无故障下的 INS 方程和动力学模型间的区别。证明了 IMM-UKF 结构可以在一个传感器故障的情况下估计系统状态。综上所述，IMM–UKF 结构能够很好地用于故障检测，是一种查找系统故障的有效的新途径。

参考文献［9］提出了一个非线性模型的 FDI 系统。FDI 算法被广泛应用于线性系统中，但是，不满足非线性系统，并可能导致故障检测误差。为此，提出了一种利用系统输入–输出和 IMU-INS 测量值的输入估计结构，对输入值进行估计。

参考文献［10］提出了一种基于观测器/卡尔曼滤波的小型自主直升机故障诊断方法。利用观测器/卡尔曼滤波的输入–输出测试值建立了在额定条件下的直升机模型。设计的模型和系统输出之间的差异可以使用户确定系统是否故障。系统模型，即直升机模型，可以通过马尔科夫参数和与系统具有相同秩的汉克尔矩阵确定。

已有文献研究了用于状态估计和 FDI 的不同的卡尔曼滤波技术（EKF、UKF、IMM-UKF、AMEKF），基于模型的方法，如利用传感器信号特性，残差生成多项式和神经网络。由于 FDI 算法（飞机、直升机等）所涉及的问题（多传感器故障检测、传感器冗余等）以及故障的严重程度不同，使得方法不同。从这些研究中，我们可以了解到，卡尔曼滤波技术可以使用不同的动力学模型来检测和隔离故障，在许多研究中，它也用于对比试验。总之，该滤波技术是一种有效的传感器故障检测方法。

很多文献都对此进行研究，包括将 INS 和 IMU 的测量与全球定位系统（GPS）的数据融合。但是，极少涉及从大气数据系统（ADS）获得最佳飞行控制数据。本章以高精度 GPS/INS 测量数据和卡尔曼滤波技术为基础，研究了从 ADS 测量数据中获得最适合数据的问题以及 ADS 数据的 FDI，确定了 ADS 最佳数据，并对状态对象进行了估计。

7.2 基于卡尔曼滤波的综合 ADS/GPS 导航系统

间接卡尔曼滤波技术用于对两种导航数据进行融合。该系统中，参考文献 [11] 估计系统测量值之间的误差，而不估计系统状态。图 7.1 所示为融合系统方案，滤波器输入为两种不同测量系统间的速度测量差。利用滤波器对 ADS 速度误差进行估计。

所需参数的系统误差向量如下：

$$\boldsymbol{x} = \begin{bmatrix} V_{\mathrm{eadsx}} & V_{\mathrm{eadsy}} & V_{\mathrm{eadsz}} \end{bmatrix}^{\mathrm{T}} \tag{7.1}$$

式中：V_{eadsx}、V_{eadsy}、V_{eadsz} 为 ADS 速度误差，均位笛卡儿坐标系中。ADS 中，真实空速误差由风速引起。因此，选择 ADS 误差作为式（7.1）中向量参数，以获得相对较高的真实空速误差，从而得到风速。

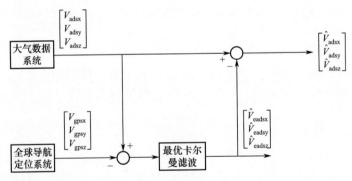

图 7.1 基于卡尔曼滤波大气数据系统（ADS）/全球定位系统（GPS）融合方案

停滞过程的指数相关函数采用不相关模型[11,12]。该表达式是离散矩阵形式，该模型非常适合于仿真[11]：

$$\begin{bmatrix} V_{\mathrm{eadsx}}(k+1) \\ V_{\mathrm{eadsy}}(k+1) \\ V_{\mathrm{eadsz}}(k+1) \end{bmatrix} = \begin{bmatrix} 1 - \beta_{V_{\mathrm{adsx}}}T & 0 & 0 \\ 0 & 1 - \beta_{V_{\mathrm{adsy}}}T & 0 \\ 0 & 0 & 1 - \beta_{V_{\mathrm{adsz}}}T \end{bmatrix} \begin{bmatrix} V_{\mathrm{eadsx}}(k) \\ V_{\mathrm{eadsy}}(k) \\ V_{\mathrm{eadsz}}(k) \end{bmatrix} +$$

$$
\begin{bmatrix}
\left(\beta_{V_{\mathrm{adsx}}}T - \dfrac{1}{2}\beta^2{}_{V_{\mathrm{adsx}}}T^2\right)w_{V_{\mathrm{adsx}}} \\[2mm]
\left(\beta_{V_{\mathrm{adsy}}}T - \dfrac{1}{2}\beta^2{}_{V_{\mathrm{adsy}}}T^2\right)w_{V_{\mathrm{adsy}}} \\[2mm]
\left(\beta_{V_{\mathrm{adsz}}}T - \dfrac{1}{2}\beta^2{}_{V_{\mathrm{adsz}}}T^2\right)w_{V_{\mathrm{adsz}}}
\end{bmatrix}
\tag{7.2}
$$

式中：$\beta_{V_{\mathrm{adsx}}}$、$\beta_{V_{\mathrm{adsy}}}$、$\beta_{V_{\mathrm{adsz}}}$ 为真实空速时间相关的逆变量；$W_{V_{\mathrm{adsx}}}$、$W_{V_{\mathrm{adsy}}}$、$W_{V_{\mathrm{adsz}}}$ 为 ADS 速度测量的高斯分布噪声；T 为采样周期。

利用 ADS 和 GPS 测速差作为卡尔曼滤波的测量观测向量，它可以表示为

$$
\begin{cases}
z_1(k) = V_{\mathrm{eadsx}} + \nu_{V_{\mathrm{adsx}}} - \nu_{V_{\mathrm{gpsx}}} \\
z_2(k) = V_{\mathrm{eadsy}} + \nu_{V_{\mathrm{adsy}}} - \nu_{V_{\mathrm{gpsy}}} \\
z_3(k) = V_{\mathrm{eadsz}} + \nu_{V_{\mathrm{adsz}}} - \nu_{V_{\mathrm{gpsz}}}
\end{cases}
\tag{7.3}
$$

式中：V_{eadsx}、V_{eadsy}、V_{eadsz} 为真正的空速测量误差，同时为风速；$\nu_{V_{\mathrm{adsx}}}$、$\nu_{V_{\mathrm{adsy}}}$、$\nu_{V_{\mathrm{adsz}}}$ 和 $\nu_{V_{\mathrm{gpsx}}}$、$\nu_{V_{\mathrm{gpsy}}}$、$\nu_{V_{\mathrm{gpsz}}}$ 分别为 ADS 和 GPS 测量的零均值高斯噪声，即 GPS 速度测量与 ADS 真实空速测量的差值，给出了 ADS 速度误差和飞行中的风速。风速信息包含两个系统随机噪声，式（7.3）可以写成矩阵形式：

$$
z(k) = \begin{bmatrix} z_1(k) \\ z_2(k) \\ z_3(k) \end{bmatrix} = \begin{bmatrix} V_{\mathrm{adsx}} - V_{\mathrm{gpsx}} \\ V_{\mathrm{adsy}} - V_{\mathrm{gpsy}} \\ V_{\mathrm{adsz}} - V_{\mathrm{gpsz}} \end{bmatrix} = \begin{bmatrix} 1 & 0 & 0 \\ 0 & 1 & 0 \\ 0 & 0 & 1 \end{bmatrix} x(k) + \begin{bmatrix} \nu_{V_x} \\ \nu_{V_y} \\ \nu_{V_z} \end{bmatrix} H(k)
\tag{7.4}
$$

为了对 ADS 和 INS / GPS 数据进行融合，采用如下卡尔曼滤波方程：

$$
\begin{cases}
\hat{x}(k/k) = \hat{x}(k/k-1) + K(k)\Delta(k) \\
\Delta(k) = z(k) - H(k)\hat{x}(k/k-1) \\
K(k) = P(k/k-1)H^{\mathrm{T}}(k)R^{-1}(k) \\
P(k/k) = (I - K(k)H(k))P(k/k-1) \\
P(k/k-1) = \Phi(k,k-1)P(k-1/k-1)\Phi(k,k-1) + G(k,k-1)Q(k-1)G(k,k-1)
\end{cases}
\tag{7.5}
$$

式中：$\hat{x}(k/k)$ 为估计值，I 为单位矩阵；$K(k)$ 为最优滤波器的增益值；$P(k/k)$ 为估计误差相关矩阵；$P(k/k-1)$ 为外推误差相关矩阵；$H(k)$ 为测量矩阵；$\Delta(k)$ 为更新过程；$Q(k-1)$ 为该系统测量相关矩阵；$G(k,k-1)$ 为噪声传递矩阵；$\Phi(k,k-1)$ 为系统传递矩阵，而

$$
\Phi(k,k-1) = \begin{bmatrix} 1 - \beta_{V_{\mathrm{adsx}}}T & 0 & 0 \\ 0 & 1 - \beta_{V_{\mathrm{adsy}}}T & 0 \\ 0 & 0 & 1 - \beta_{V_{\mathrm{adsz}}}T \end{bmatrix}
\tag{7.6}
$$

初始条件为

$$\begin{cases} \hat{x}(0/0) = \overline{x(0)} \\ P(0/0) = P(0) \end{cases}$$

开始进行卡尔曼滤波，要先确定 x （0） 和 P （0） 的初始条件、系统误差相关矩阵 Q （k） 和测量误差相关矩阵 R （k）。需要系统和测量误差模型。

在图 7.1 可以看出，给定的集成方案中，卡尔曼滤波输出的是 ADS 速度误差估计值，实际上是风速 $\hat{V}_{\text{eadsx}}$、$\hat{V}_{\text{eadsy}}$、$\hat{V}_{\text{eadsz}}$。这些估计值从 ADS 测量值中减去，得到 $\hat{V}_{\text{adsx}}$、$\hat{V}_{\text{adsy}}$、$\hat{V}_{\text{adsz}}$，可由以下公式确定速度值：

$$\begin{cases} \hat{V}_{\text{adsx}} = V_{\text{adsx}} - \hat{V}_{\text{eadsx}} \\ \hat{V}_{\text{adsy}} = V_{\text{adsy}} - \hat{V}_{\text{eadsy}} \\ \hat{V}_{\text{adsz}} = V_{\text{adsz}} - \hat{V}_{\text{eadsz}} \end{cases} \tag{7.7}$$

7.3 基于 ADS 和 GPS / INS 数据融合的联合卡尔曼滤波

7.3.1 数据融合方法

带有中心测量值和协方差矩阵的标准中心卡尔曼滤波会引起计算过载。此外，任一传感器故障会降低滤波器整体性能。为了克服这些缺点，可以采用非中心卡尔曼滤波器。非中心卡尔曼滤波器是一个两级的数据处理技术，由一个基本滤波器和一个或多个局部滤波器组成[13-15]。首先，局部滤波器优化处理数据，获得每个集合的最优结果。然后，中心滤波器融合局部滤波器的结果，得到最优值。该方法是一种有效的多传感器测量集融合技术。与非中心滤波器相比，联合卡尔曼滤波器具有许多优点[11,13-15]。

基于联合卡尔曼滤波的导航传感器融合方案融合了 INS、GPS 和其他导航传感器，如图 7.2 所示。

前面提到的联合卡尔曼滤波是一种两级数据处理技术。局部滤波器处理来自传感器的数据，并融合进入一个联合滤波器。所有局部滤波器测量相同变量，因此，它们之间存在相关性。全局最优估计和误差方差可表示为

$$\begin{cases} P_m = [P_1^{-1} + P_2^{-1} + \cdots + P_N^{-1}]^{-1} \\ X_{e_m} = P_m[P_1^{-1}X_{e_1} + P_2^{-1}X_{e_2} + \cdots + P_N^{-1}X_{e_N}] \end{cases} \tag{7.8}$$

式中：P_i 为第 i 个滤波器的协方差矩阵；X_{e_i} 为第 i 个滤波器估计值。

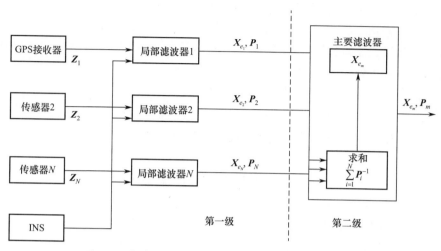

图 7.2　基于导航传感器融合方案的联合卡尔曼滤波器

7.3.2　基于 FDI 的 ADS 和 GPS/IDS 数据融合

本研究中，采用卡尔曼滤波技术，将精度较高的 INS/GPS 测量值与精度较低、频率较高的 ADS 测量值相结合，获得高频、高精度的测量数据。基于间接卡尔曼滤波设计的系统，利用系统已知误差或 UAV 动力学特性和确定统计值，能够得到风速数据。

一般地，在应用中，ADS 和 GPS 或 GPS / INS 在卡尔曼滤波器基础上进行融合。一种采用 FDI 块的基于联合卡尔曼滤波器的导航传感器融合方案，融合来自 3 个 ADS 测量集和综合 GPS/INS 的可靠数据（故障数据判定与隔离），如图 7.3 所示。

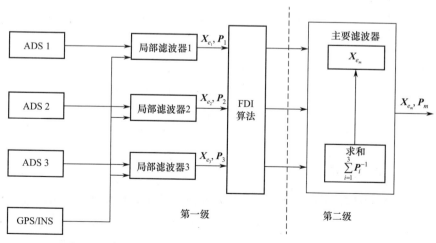

图 7.3　基于 ADS、GPS/INS 与 FDI 数据融合的卡尔曼滤波器

图 7.3 中，联合滤波器由局部滤波器组成，过程 ADS 导航测量和 GPS／INS 测量（位置和速度）与 ADS 数据、FDI 块一起用于故障数据判定和隔离，主滤波器与消除错误故障数据的局部滤波器估计进行融合。主要最优变量估计和误差变量可由下式得到[7,9]：

$$
\begin{cases}
\boldsymbol{P}_m = \left[\boldsymbol{P}_1^{-1} + \boldsymbol{P}_2^{-1} + \boldsymbol{P}_3^{-1} \right]^{-1} \\
\boldsymbol{X}_{e_m} = \boldsymbol{P}_m \left[\boldsymbol{P}_1^{-1} \boldsymbol{X}_{e_1} + \boldsymbol{P}_2^{-1} \boldsymbol{X}_{e_2} + \boldsymbol{P}_3^{-1} \boldsymbol{X}_{e_3} \right]
\end{cases}
\tag{7.9}
$$

以上算法可用于从 ADS 测量中获取最优数据。

7.4　传感器 FDI 算法

本节介绍传感器 FDI 算法。

7.4.1　故障检测统计检验

引入两个假设。

H_0：系统运行正常。

H_1：系统运行故障。

采用一种适合于传感器故障检测的新方法[16,17]。为了检测故障改变对新息序列均值的影响，采用以下统计函数：

$$
\beta(k) = \sum_{j=k-M+1}^{k} \tilde{\boldsymbol{\Delta}}^{\mathrm{T}}(j) \tilde{\boldsymbol{\Delta}}(j)
\tag{7.10}
$$

式中：$\tilde{\boldsymbol{\Delta}}(j)$ 为卡尔曼滤波器的归一化新息序列；M 为滑动窗口的宽度。

卡尔曼滤波器归一化更新计算如下：

$$
\tilde{\boldsymbol{\Delta}}(k) = \left[\boldsymbol{H}(k) \boldsymbol{P}(k/k-1) \boldsymbol{H}^{\mathrm{T}}(k) + \boldsymbol{R}(k) \right]^{-1/2} \boldsymbol{\Delta}(k)
\tag{7.11}
$$

统计函数具有 χ^2 分布的 M_s 自由度，其中 s 为状态向量的维数。如果显著性水平 α 满足：

$$
P\{\chi^2 > \chi^2_{\alpha, M_s}\} = \alpha, 0 < \alpha < 1
\tag{7.12}
$$

可得到阈值 χ^2_{α, M_s}。因此，当假设 H_1 为真，统计值 $\beta(k)$ 将大于阈值 χ^2_{α, M_s}：

$$
\begin{aligned}
H_0 &: \beta(k) \leqslant \chi^2_{\alpha, M_s}, \forall k \\
H_1 &: \beta(k) > \chi^2_{\alpha, M_s}, \exists k
\end{aligned}
\tag{7.13}
$$

7.4.2　故障隔离算法

如果检测到故障，则必须确定是哪些传感器集合出现故障。为此，将 s 维序列 $\tilde{\boldsymbol{\Delta}}$ 转换成 s 一维序列，以便隔离出故障的传感器，对每个一维序列 $\tilde{\boldsymbol{\Delta}}_i (i = 1, 2, \cdots, s)$ 运行相应的故障检测算法。假定对故障传感器集合的影响统计要比对其他传感器的影响大得多。设统计值为 $\xi_i(k)$ ，当最大 $\{\xi_i(k), i = 1, 2, \cdots, s\} = \xi_m(k), i \neq j$ 且 $\xi_i(k) \neq \xi_j(k)$ ，可以判定传感器集合故障。

设统计值抽样率和理论方差 $\hat{\sigma}_i^2/\sigma_i^2$ ，用于验证一维更新序列 $\tilde{\mathbf{\Delta}}_i(k)$ ，$i = 1$，2，$\cdots$，s 的方差。当 $\tilde{\mathbf{\Delta}}_i \sim N(0, \sigma_i)$ 时，可以得到[18]：

$$\frac{\nu_i}{\sigma_i^2} \sim \chi_{M-1}^2, \forall i, i = 1, 2, \cdots, s \tag{7.14}$$

式中：$\nu_i = (M - 1)\hat{\sigma}_i^2$ 。

由于归一化新息序列的 $\hat{\sigma}_i^2 = 1$ ，则

$$\nu_i \sim \chi_{M-1}^2, \forall i, i = 1, 2, \cdots, s \tag{7.15}$$

采用式（7.15），可以证明，归一化新息序列均值的任何变化均可以检测到[19]。当系统中出现对新息序列的均值或方差发生影响的故障时，统计值 ν_i 超过阈值 $\chi_{\alpha, M-1}^2$ ，取决于显著性水平 α 和自由度 $(M - 1)$ 。

7.5 基于 ADS 和 GPS／INS 数据融合的间接卡尔曼滤波器仿真结果

考虑 3 个 ADS 组的情况。该组合由 AOA 传感器、侧滑角传感器（AOS）、真空速传感器（TAS）测量的速度值确定。有 3 个 AOA、2 个 AOS 和 3 个 TAS 传感器。第 1 组由 AOA 传感器 1（AOA1）、AOS 传感器 1（AOS1）和 TAS 传感器 1（TAS1）组成。第 2 组由 AOA 传感器 2（AOA2）、AOS 传感器 2（AOS2）和 TAS 传感器 2（TAS2）组成。第 3 组由 AOA 传感器 3（AOA3）、AOS2（因为有两个不同的 AOS 传感器）和 TAS 传感器 3（TAS3）组成。

仿真中研究了 3 种不同的情况[20]：

（1）TAS 1 偏差 = 10 节（80s 后的 +10 节干扰的第一组真实空速数据）

（2）AOA3 偏差 = 5°（80s 后的第三组攻角数据的 +5°偏差常数）

（3）AOA1 偏差 = 5°（80s 后的第一组侧滑角数据的 +5°偏差常数）

如前所述，使用统计检测消除故障数据，然后，来自另一组已知的真实数据代替飞机的故障数据，例如，当 TAS1 数据被确定为错误时，使用 TAS2 数据，使第 1 组工作。当然，因为只有两个侧滑角传感器，当一个 AOS 值错误，只有另一个值代替。在第二次仿真中，一旦系统检测到故障，AOA3 值错误，就被 AOA1 值代替。

对故障隔离和消除故障数据的系统和不执行故障隔离的系统分别进行仿真。图中，"beta" 表示侧滑角，"KTAS" 表示真空速用，节来表示。

7.5.1 故障隔离结果

研究 FDI 系统在第 80s 出现 TAS1 偏差等于 10 节的情况。采用统计检验，可

以确定并隔离故障数据。利用滤波器对 AOA 和 TAS 变量进行估计，如图 7.4 和图 7.5 所示。

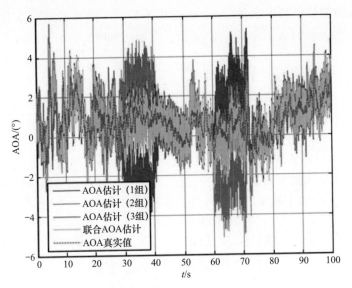

图 7.4　故障隔离的攻角（AOA）估计值（见彩插）
（当真空速传感器 1（TAS1）偏差 = 10 节）

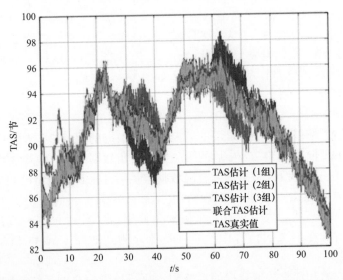

图 7.5　故障隔离的 TAS 估计值（见彩插）（当 TAS1 偏差 = 10 节）

图 7.6 中给出了 x 轴 ADS 速度误差估计（x 轴风速估计）和 x 轴真实空速。

可以看出，尽管第一组和第二组在不同时间间隔内未得到很好结果，但是联合卡尔曼滤波器可以准确估计 x 轴风速。可以看出，一些测量值通过联合滤波系

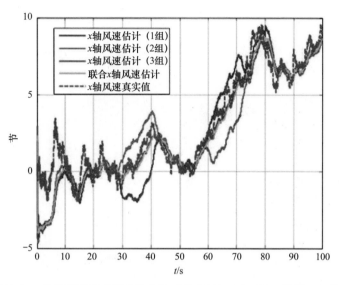

图 7.6 x 轴故障隔离的风速估计值（见彩插）（当 TAS1 偏差 = 10 节）

统消除了。

第一，考虑 80s 后第三组的攻角偏差为 +5° 的情况。在这些仿真中，必须记住的是隔离算法也在工作，并且故障数据被消除了。

第二，对该组进行故障隔离，AOA 和 TAS 估计值分别如图 7.7 和图 7.8 所示。

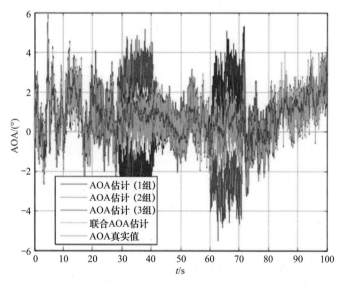

图 7.7 故障隔离 AOA 估计值（见彩插）（当 AOA3 偏差 = +5°）

如图 7.7 和图 7.8 所示，联合滤波器的 AOA 和 TAS 估计值接近真实值。

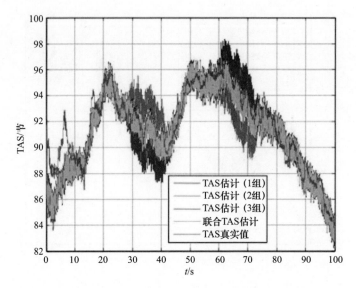

图 7.8 故障隔离 TAS 估计值（见彩插）（当 AOA3 偏差 = +5°）

第三，考虑第 80s 后第 1 组侧滑角偏差是 +5°的情况。在这些仿真中，必须记住隔离算法也在工作，并且故障数据被消除了。此时 y 轴风速值如图 7.9 所示。

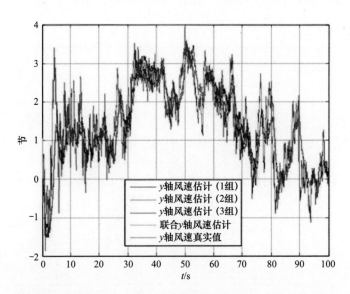

图 7.9 故障隔离 y 轴风速（见彩插）（当 AOS 1 偏差 = +5°）

从图 7.9 可以看出，联合卡尔曼滤波器可以准确估计 y 轴风速。对无人机 ADS 其余参数进行类似仿真，得到仿真结果。

7.5.2　未故障隔离的结果

对于相同的 3 种情况，研究了如果没有进行故障隔离，联合滤波器会给出错误结果[20]，给出 TAS1 偏差等于 10 节的结果。图 7.10 ~ 图 7.12 分别给出 AOA、TAS 和 x 轴风速估计值。

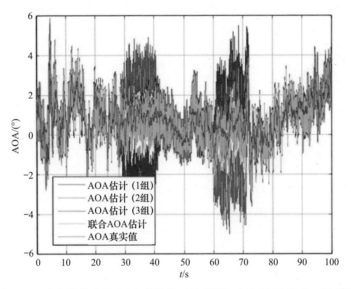

图 7.10　未故障隔离的 AOA 估计值（见彩插）（当 TAS1 偏差 = 10 节）

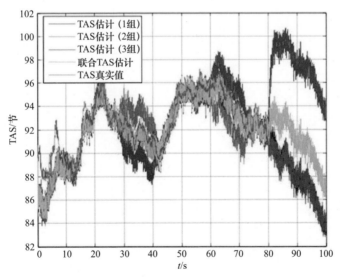

图 7.11　未故障隔离的 TAS 估计值（见彩插）（当 TAS1 偏差 = 10 节）

从图 7.11 和 7.12 中可以看出，联合卡尔曼滤波器在 x 轴上的 TAS 风速估计

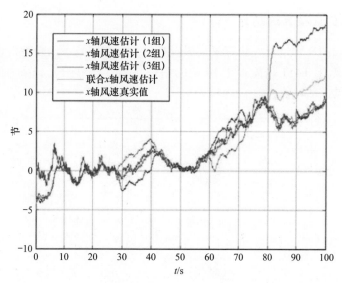

图 7.12　未故障隔离的 x 轴风速估计值（见彩插）（当 TAS1 偏差 = 10 节）

值存在差异，原因是来自第一估计组的数据。因此采用该数据，联合卡尔曼滤波器效果不好（没有进行故障数据隔离）。AOA 联合滤波估计值受 TAS1 故障影响不很明显，如图 7.10 所示。

　　接着，研究了第 3 组的 AOA 偏差为 + 5°情况。在这种情况下，AOA 和 TAS 值估计分别如图 7.13 和图 7.14 所示。

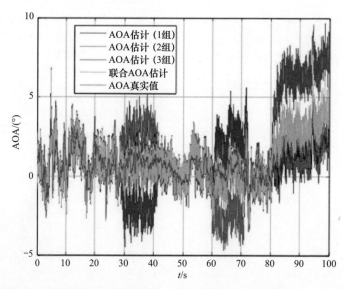

图 7.13　未故障隔离的 AOA 估计值（见彩插）（当 AOA3 偏差 = + 5°）

如图 7.13，联合卡尔曼滤波器的 AOA 估计值也存在差异，是由错误值未被隔离而用于计算造成的。AOA3 故障对 TAS 联合滤波估计值影响不是很明显，如图 7.14 所示。

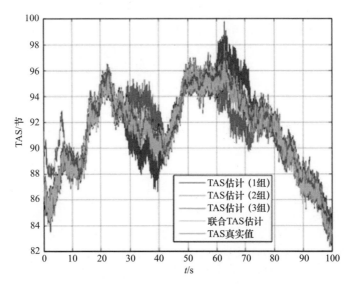

图 7.14　未故障隔离的 TAS 估计值（见彩插）（当 AOA3 偏差 = +5°）

当 AOS1 偏差为 +5°，未进行故障隔离时，y 轴上风速估计结果如图 7.15 所示。

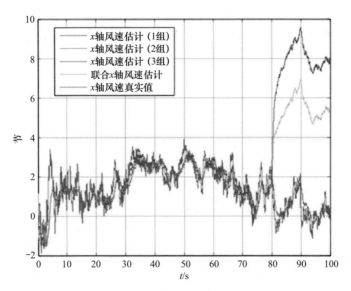

图 7.15　未故障隔离的 y 轴风速估计值（见彩插）（当 AOS1 偏差 = +5°）

从图 7.15 中可以看出，联合卡尔曼滤波器 y 轴风速估计值存在差异。

7.6 结论与讨论

在无人机中，控制需要高精度的 ADS 参数。为了获得所需的速度数据，必须融合系统的测量数据。本研究中，GPS／INS 测量值精度高，ADS 测量值精度低但频率高，采用联合卡尔曼滤波技术将二者融合，获得高精度、高频的测量数据。基于间接卡尔曼滤波设计的系统利用系统已知误差或无人机动力学特性和确定的统计值，能够得到风速数据。

本章研究了从 ADS 测量值中获得最合适的数据，以及 ADS 数据进行故障隔离，以高精度 GPS/INS 测量数据和卡尔曼滤波技术为基础，对状态对象进行估计。

开发 FDI 算法，并对故障案例进行诊断测试。测试基于卡尔曼滤波器归一化更新过程的统计特性。

为了融合来自不同测量组的数据，提出一种联合卡尔曼滤波器。上述算法可用于从 ADS 测量值获得最优数据。最优数据由 FDI 算法生成，在与联合卡尔曼滤波器融合前去掉错误数据。结果表明，通过联合卡尔曼滤波器对大气数据参数进行了很好地拟合，估计值收敛于真实值。

参考文献

1. Jayaram S (2010) A new fast converging Kalman filter for sensor fault detection and isolation. Sensor Rev 30(3):219–224
2. Bryson M, Sukkarieh S (2004) Vehicle model aided inertial navigation for a UAV using low-cost sensors. In: Proceedings of the 2004 Australasian conference on robotics and automation, Canberra, Australia, December 2004
3. Mosallae M, Salahshoor K (2008) Sensor fault detection using adaptive modified extended Kalman filter based on data fusion technique. In: Proceedings of the 4th international conference on information and automation for sustainability (ICIAFS08), Colombo, Sri Lanka, December 2008
4. Samara PA, Sakellariou JS, Fouskitakis GN, Fassois SD (2003) Detection of sensor abrupt faults in aircraft control systems. In: Proceedings of the 2003 IEEE conference on control applications (CCA 2003), Istanbul, Turkey, June 2003
5. Bonfe M, Castaldi P, Geri W, Simani S (2006) Fault detection and isolation for on-board sensors of a general aviation aircraft. Int J Adapt Control Signal Process 20:381–408
6. Samy I, Postlethwaite I, Gu DW (2009) Sensor fault detection and accommodation using neural networks with application to a non-linear unmanned air vehicle model. In: Proceedings of the IMechE Part G: J Aerosp Eng, vol 224
7. Samara PA, Fouskitakis GN, Sakellariou JS, Fassois D (2008) A statistical method for the detection of sensor abrupt faults in aircraft control systems. IEEE Trans Control Syst Technol 16(4):789–798
8. Cork L, Walker R (2007) Sensor fault detection for UAVs using a nonlinear dynamic model and the IMM-UKF algorithm. IEEE Inf Decis Control, pp 230–235

9. Marzat J, Piet-Lahanier H, Damongeot F, Walter E (2010) Fault diagnosis for nonlinear aircraft based on control-induced redundancy. In: Proceedings of the conference on control and fault-tolerant systems (SysTol), Nice, France, October 2010

10. Heredia G, Ollero A (2009) Sensor fault detection in small autonomous helicopters using observer/Kalman filter identification. In: Proceedings of the 2009 IEEE international conference on mechatronics, Malaga, Spain, April 2009

11. Hajiyev C (2010) Experimental data processing methods and engineering applications. Nobel Publication and Distribution Inc., Ankara (in Turkish)

12. Grishin YP, Kazarinov YM (1985) Fault-tolerant dynamic systems. Radio i Svyaz, Moscow (in Russian)

13. Carlson NA (1990) Federated square root filter for decentralized parallel processors. IEEE Trans Aerosp Electron Syst 26:517–525

14. Carlson NA, Berarducci MP (1994) Federated Kalman filter simulation results. Navigation 41:297–321

15. Hajiyev C, Tutucu A (2001) INS/GPS integration using parallel Kalman filtering. In: Proceedings of the 15th IFAC symposium on automatic control in aerospace, Bologna/Forli, Italy, pp 453–458

16. Willsky AS (1976) A survey of design methods for failure detection in dynamic systems. Automatica 12(6):601–611

17. Hajiyev C, Caliskan F (2003) Fault diagnosis and reconfiguration in flight control systems. Kluwer Academic Publishers, Boston

18. Hajiyev C (2006) Innovation approach based measurement error self-correction in dynamic systems. Measurement 39:585–593

19. Hajiyev C, Caliskan F (2005) Sensor and control surface/actuator failure detection and isolation applied to F-16 flight dynamic. Aircr Eng Aerosp Technol 77(2):152–160

20. Hajiyev Ch, Vural SY, Kargin V (2012) Fault detection, isolation and federated filtration in UAV air data system. In: Proceedings of the national aerospace conference, 12–14 September 2012. Turkish Air Force Academy, Istanbul, UHUK-2012-043, 16 (in Turkish)

第8章 无人机稳定性分析

8.1 配平

第2章给出了 UAV 运动方程，本章对其深入研究，并对其线性化进行详细的稳定性分析。在这个过程中，第一步是研究配平条件。

8.1.1 配平条件

一个非线性系统可以描述为

$$\dot{x} = f(x,u) \tag{8.1}$$

式中：u 为系统控制输入；x 为系统状态。该系统的平衡条件可以表示为

$$f(\hat{x},\hat{u}) = 0 \tag{8.2}$$

如果系统处于给定的状态和控制输入的平衡状态，该变量不发生改变。一个稳定（配平）的无人机飞行状态就是这种情况。在这种情况下，可以说，无人机状态的子空间是平衡的。在文献中，这种情况被称为配平条件。机翼水平、固定高度转弯、升降机动是配平条件的不同例子。

8.1.2 稳定状态条件的线性化

采用最小化方程可以计算出不同配平条件下的 UAV 状态。方程的线性化是控制器设计所必需的。

从第2章给出的公式，重新求出无人机运动线性方程。

在平衡点附近，得

$$\hat{\dot{x}} = f(\hat{x},\hat{u}) \tag{8.3}$$

平衡点附近的某一变化可以表示为

$$\tilde{x} = x - \hat{x} \tag{8.4}$$

$$\dot{\tilde{x}} = \dot{x} + \dot{\hat{x}} \tag{8.5}$$

$$\dot{\tilde{x}} = f(x,u) - f(\hat{x},\hat{u}) \tag{8.6}$$

$$\dot{\tilde{x}} = f(x + \tilde{x} - \tilde{x}, u + \tilde{u} - \tilde{u}) - f(\hat{x},\hat{u}) \tag{8.7}$$

$$\dot{\tilde{x}} = f(\hat{x} - \tilde{x}, \hat{u} - \tilde{u}) - f(\hat{x},\hat{u}) \tag{8.8}$$

利用泰勒级数近似，得

$$\dot{\tilde{x}} \approx f(\hat{x}, \hat{u}) + \frac{\partial f(\hat{x}, \hat{u})}{\partial x} \tilde{x} + \frac{\partial f(\hat{x}, \hat{u})}{\partial u} \tilde{u} + \cdots - f(\hat{x}, \hat{u}) \tag{8.9}$$

状态变化可表示为

$$\dot{\tilde{x}} \approx \frac{\partial f(\hat{x}, \hat{u})}{\partial x} \tilde{x} + \frac{\partial f(\hat{x}, \hat{u})}{\partial u} \tilde{u} \tag{8.10}$$

为使方程线性化，需解出平衡点时的 $\frac{\partial f}{\partial x}$ 和 $\frac{\partial f}{\partial u}$。

8.2　传输函数的推导

8.2.1　状态方程

无人机的纵向和横向运动可以分别进行处理。分别用 h、v、α、u、w、q、θ 和 β、v、p、r、Φ、ψ 表示无人机的纵向和横向运动变量。

取横向变量为零，采用 $\alpha = \arctan \dfrac{w}{u}$ 和 $V_t = \sqrt{u^2 + w^2}$ 定义，可以得到纵向运动方程，其中 V_t 是真空速。

状态的微分矩阵为

$$\frac{\partial f}{\partial x} = \begin{bmatrix} \left(\dfrac{\partial \dot{u}}{\partial u}\right), \left(\dfrac{\partial \dot{u}}{\partial w}\right), \left(\dfrac{\partial \dot{u}}{\partial q}\right), \left(\dfrac{\partial \dot{u}}{\partial \theta}\right), \left(\dfrac{\partial \dot{u}}{\partial h}\right) \\[2mm] \left(\dfrac{\partial \dot{w}}{\partial u}\right), \left(\dfrac{\partial \dot{w}}{\partial w}\right), \left(\dfrac{\partial \dot{w}}{\partial q}\right), \left(\dfrac{\partial \dot{w}}{\partial \theta}\right), \left(\dfrac{\partial \dot{w}}{\partial h}\right) \\[2mm] \left(\dfrac{\partial \dot{q}}{\partial u}\right), \left(\dfrac{\partial \dot{q}}{\partial w}\right), \left(\dfrac{\partial \dot{q}}{\partial q}\right), \left(\dfrac{\partial \dot{q}}{\partial \theta}\right), \left(\dfrac{\partial \dot{q}}{\partial h}\right) \\[2mm] \left(\dfrac{\partial \dot{\theta}}{\partial u}\right), \left(\dfrac{\partial \dot{\theta}}{\partial w}\right), \left(\dfrac{\partial \dot{\theta}}{\partial q}\right), \left(\dfrac{\partial \dot{\theta}}{\partial \theta}\right), \left(\dfrac{\partial \dot{\theta}}{\partial h}\right) \\[2mm] \left(\dfrac{\partial \dot{h}}{\partial u}\right), \left(\dfrac{\partial \dot{h}}{\partial w}\right), \left(\dfrac{\partial \dot{h}}{\partial q}\right), \left(\dfrac{\partial \dot{h}}{\partial \theta}\right), \left(\dfrac{\partial \dot{h}}{\partial h}\right) \end{bmatrix} \tag{8.11}$$

同理，可得控制输入的微分矩阵——纵向状态 A_{lon} 和控制矩阵 B_{lon}。纵向稳定系数方程如下：

$$X_u = \frac{u\rho S}{m}\left[c_{xo} + c_{xa}\alpha + c_{x\delta w}\delta e\right] - \frac{\rho S w c_{xa} u}{2m} + \frac{\rho S \bar{c} c_{xq} uq}{2mV} - \frac{\rho S_{\text{prop}} c_{\text{prop}} u}{m} \tag{8.12}$$

$$X_w = -q + \frac{u\rho S}{m}\left[c_{xo} + c_{xa}\alpha + c_{x\delta w}\delta e\right] - \frac{\rho S w c_{xa} u}{2m} + \frac{\rho S \bar{c} c_{xq} uq}{2mV} - \frac{\rho S_{\text{prop}} c_{\text{prop}} u}{m} \tag{8.13}$$

$$X_q = -w + \frac{\rho S V c_{xq} q \bar{c}}{2m} \tag{8.14}$$

$$X_{\delta e} = \frac{\rho V^2 c_{x\delta e} S}{2m} \tag{8.15}$$

$$X_{\delta t} = \frac{\rho S_{\text{prop}} c_{xp} \delta_a h}{m} \tag{8.16}$$

$$Z_u = q + \frac{u\rho S}{m}[c_{zo} + c_{za}\alpha + c_{z\delta w}\delta e] - \frac{\rho S c_{za} w}{2m} + \frac{\rho S \bar{c} c_{zq} uq}{mV} \tag{8.17}$$

$$Z_w = \frac{w\rho S}{m}[c_{zo} + c_{za}\alpha + c_{z\delta w}\delta e] - \frac{\rho S c_{za} w}{2m} + \frac{\rho S \bar{c} c_{zq} uq}{mV} \tag{8.18}$$

$$Z_q = u + \frac{\rho S c_{zq} V\bar{c}}{2m} \tag{8.19}$$

$$Z_{\delta e} = \frac{\rho S c_{z\delta e} V^2}{2m} \tag{8.20}$$

$$M_u = \frac{u\rho S\bar{c}}{J_y}[c_{mo} + c_{ma}\alpha + c_{m\delta w}\delta e] - \frac{\rho S w \bar{c} c_{ma} u}{2J_y} + \frac{\rho S \bar{c}^2 c_{mq} uq}{2J_y V} \tag{8.21}$$

$$M_w = \frac{w\rho S\bar{c}}{J_y}[c_{mo} + c_{ma}\alpha + c_{m\delta w}\delta e] - \frac{\rho S w \bar{c} c_{ma} u}{2J_y} + \frac{\rho S \bar{c}^2 c_{mq} uq}{2J_y V} \tag{8.22}$$

$$M_q = \frac{\rho S c_{mqe} V\bar{c}}{2J_y} \tag{8.23}$$

$$M_{\delta e} = \frac{\rho S c_{m\delta e} V^2 \bar{c}}{2J_y} \tag{8.24}$$

同理，可以推导出横向运动方程、横向状态 A_{lat} 和控制矩阵 B_{lat}。横向稳定系数方程如下：

$$Y_u = \frac{\nu\rho b S}{4mV_{\text{air}}}[c_{yp}p + c_{yr}r] + \frac{\rho S\nu}{m}(c_{yo} + c_{y\beta}\beta + c_{y\delta a}\delta a + c_{y\delta r}r) + \frac{\rho S c_{y\beta} uq}{2m}\sqrt{u^2 + w^2} \tag{8.25}$$

$$Y_p = w + \frac{\rho S V_{\text{air}} b}{4m}c_{yp} \tag{8.26}$$

$$Y_r = -u + \frac{\rho S V_{\text{air}} b}{4m}c_{yr} \tag{8.27}$$

$$Y_{\delta q} = \frac{\rho S V^2_{\text{air}}}{2m}c_{y\delta a} \tag{8.28}$$

$$Y_{\delta r} = \frac{\rho S V^2_{\text{air}}}{2m}c_{y\delta r} \tag{8.29}$$

$$Y_u = \frac{\nu\rho b S}{4mV_{\text{air}}}[c_{yp}p + c_{yr}r] + \frac{\rho S\nu}{m}(c_{yo} + c_{y\beta}\beta + c_{y\delta a}\delta a + c_{y\delta r}r) + \frac{\rho S b c_{p\beta}}{4m}\sqrt{u^2 + w^2} \tag{8.30}$$

$$L_p = \varGamma_1 q + \frac{\rho S V^2_{\text{air}} b}{8m} c_{pp} \tag{8.31}$$

$$L_r = -\varGamma_2 q + \frac{\rho S V^2_{\text{air}} b}{8m} c_{pr} \tag{8.32}$$

$$L_{\delta q} = \frac{\rho S b V^2_{\text{air}}}{4m} c_{p\delta a} \tag{8.33}$$

$$L_{\delta r} = \frac{\rho S b V^2_{\text{air}}}{4m} c_{p\delta r} \tag{8.34}$$

$$N_u = \frac{\nu \rho b^2 S}{8m V_{\text{air}}} [c_{rp} p + c_{rr} r] + \frac{\rho S b \nu}{2m} (c_{ro} + c_{r\beta}\beta + c_{r\delta a}\delta a + c_{r\delta r} r) + \frac{\rho S b c_{r\beta}}{4m} \sqrt{u^2 + w^2} \tag{8.35}$$

$$N_p = \varGamma_3 q + \frac{\rho S V^2_{\text{air}} b}{8m} c_{rp} \tag{8.36}$$

$$N_r = -\varGamma_4 q + \frac{\rho S V^2_{\text{air}} b}{8m} c_{rr} \tag{8.37}$$

$$N_{\delta q} = \frac{\rho S b V^2_{\text{air}}}{4m} c_{r\delta a} \tag{8.38}$$

$$N_{\delta r} = \frac{\rho S b V^2_{\text{air}}}{4m} c_{r\delta r} \tag{8.39}$$

下一步给出 UAV 的线性状态方程，状态空间形式为

$$
\begin{pmatrix} \dot{u} \\ \dot{w} \\ \dot{q} \\ \dot{\theta} \\ \dot{h} \end{pmatrix} =
\begin{bmatrix}
(Xu) & (Xw) & (Xq) & (-g\cos(\theta)) & 0 \\
(Zu) & (Zw) & (Zq) & (-g\sin(\theta)) & 0 \\
Mu & Mw & Mq & 0 & 0 \\
0 & 0 & 1 & 0 & 0 \\
-\sin(\theta) & -\cos(\theta) & 0 & t & 0
\end{bmatrix}
\begin{pmatrix} u \\ w \\ q \\ \theta \\ h \end{pmatrix} +
\begin{bmatrix}
X_{\delta e} & X_{\delta t} \\
Z_{\delta e} & 0 \\
M_{\delta e} & 0 \\
0 & 0 \\
0 & 0
\end{bmatrix}
\begin{bmatrix} \delta_e \\ \delta_t \end{bmatrix} \tag{8.40}
$$

$$t = u\cos(\theta) + w\sin(\theta) \tag{8.41}$$

$$
\begin{pmatrix} \dot{\nu} \\ \dot{p} \\ \dot{r} \\ \dot{\phi} \\ \dot{\psi} \end{pmatrix} =
\begin{bmatrix}
(Y\nu) & \nu & -u & g\cos(\theta) & 0 \\
(L\nu) & (Lp) & (Lr) & 0 & 0 \\
(N\nu) & (Np) & (Nr) & 0 & 0 \\
0 & 1 & \tan(\theta) & 0 & 0 \\
0 & 0 & \sec(\theta) & 0 & 0
\end{bmatrix}
\begin{pmatrix} \nu \\ p \\ r \\ \varphi \\ \psi \end{pmatrix} +
\begin{bmatrix}
Y_{\delta a} & X_{\delta r} \\
L_{\delta a} & L_{\delta r} \\
N_{\delta a} & N_{\delta r} \\
0 & 0 \\
0 & 0
\end{bmatrix}
\begin{bmatrix} \delta_a \\ \delta_r \end{bmatrix} \tag{8.42}
$$

式中：用 10 种状态描述无人机的横向和纵向运动。系统加入航向角方程。

最后，Zagi 无人机运动线性方程如下。第 9 章设计各种控制器算法会用到这

些方程。矩阵A_{lon}、B_{lon}、A_{lat}和B_{lat}中给出配平状态值。纵向方程为

$$\dot{x} = Ax + Bu \tag{8.43}$$

$$A_{\text{lon}} = \begin{bmatrix} -0.335 & 1.3181 & -1.9276 & -9.6610 & 0 \\ -1.7916 & -3.9003 & 9.8215 & -1.7035 & 0 \\ 0.7020 & -3.5375 & -11.3920 & 0 & 0 \\ 0 & 0 & 1.0000 & 0 & 0 \\ -0.1736 & -0.9848 & 0 & 17.4865 & 0 \end{bmatrix} \tag{8.44}$$

$$B_{\text{lon}} = \begin{bmatrix} -0.7436 & 6.8728 \\ 3.7855 & 0 \\ 47.9170 & 0 \\ 0 & 0 \\ 0 & 0 \end{bmatrix} \tag{8.45}$$

$$u_{\text{lon}} = \begin{bmatrix} \delta e \\ \delta t \end{bmatrix} \tag{8.46}$$

$$X_{\text{lon}} = \begin{bmatrix} u\ w\ q\ \theta\ h \end{bmatrix}^{\text{T}} \tag{8.47}$$

横向方程为

$$A_{\text{lat}} = \begin{bmatrix} -1.0502 & 1.9276 & -9.8215 & 9.6610 & 0 \\ -1.2213 & -1.9155 & 1.0096 & 0 & 0 \\ 1.7255 & 0.0919 & -1.7198 & 0 & 0 \\ 0 & 1.0000 & 0.1763 & 0 & 0 \\ 0 & 0 & 1.0154 & 0 & 0 \end{bmatrix} \tag{8.48}$$

$$B_{\text{lat}} = \begin{bmatrix} 0 & -1.8218 \\ 8.348 & 0 \\ 4.24 & -2.1272 \\ 0 & 0 \\ 0 & 0 \end{bmatrix} \tag{8.49}$$

$$u_{\text{lat}} = \begin{bmatrix} \delta a \\ \delta r \end{bmatrix} \tag{8.50}$$

$$X_{\text{lat}} = \begin{bmatrix} \nu\ p\ r\ \phi\ \psi \end{bmatrix}^{\text{T}} \tag{8.51}$$

8.2.2 传递函数

升降舵和推力输入对状态的影响可以用拉普拉斯变换的传递函数表示为

$$\frac{Y(s)}{U(s)} = C\left[sI - A\right]^{-1}B + D \tag{8.52}$$

$$\frac{Y(s)}{U(s)} = \frac{C\text{adj}\left[sI - A\right]B - |sI - A|}{|sI - A|} \tag{8.53}$$

式中：$Y(s)$ 为输出；$U(s)$ 为控制输入。行列式 $|\ sI-A\ |$ 给出特征方程。MAT-LAB 用于计算全部传递函数。举个例子，当输出变量设定为 u，则为前进速度，可以计算 $\dfrac{u}{\delta e}$ 和 $\dfrac{u}{\delta t}$。首先，"state_space_long = ss（Alon，Blon，[1, 0, 0, 0, 0]，0)"命令给出系统状态空间模型，"tf（state_space_long）"命令可用于推导前进速度方程[1-3]：

$$\frac{u}{\delta e} = \frac{-0.7436s^3 - 98.75s^2 - 179.1s - 1779}{s^4 + 15.63s^3 + 88.02s^2 + 62.64s + 87.23} \tag{8.54}$$

$$\frac{u}{\delta t} = \frac{6.873s^3 + 105.1s^2 + 544.2s - 41.42}{s^4 + 15.63s^3 + 88.02s^2 + 62.64s + 87.23} \tag{8.55}$$

同理，改变输出矩阵 C（在 ss 函数中给定为 [1, 0, 0, 0, 0]）可得，所需的传递函数和控制输入对其他纵向状态影响：

$$\frac{w}{\delta e} = \frac{3.785s^3 + 516.3s^2 - 179.1s + 828.5}{s^4 + 15.63s^3 + 88.02s^2 + 62.64s + 87.23} \tag{8.56}$$

$$\frac{w}{\delta t} = \frac{-12.31s^3 - 92.89s + 8.219}{s^4 + 15.63s^3 + 88.02s^2 + 62.64s + 87.23} \tag{8.57}$$

$$\frac{q}{\delta e} = \frac{47.92s^3 + 189.1s^2 + 168.1s}{s^4 + 15.63s^3 + 88.02s^2 + 62.64s + 87.23} \tag{8.58}$$

$$\frac{q}{\delta t} = \frac{4.825s^2 + 68.38s}{s^4 + 15.63s^3 + 88.02s^2 + 62.64s + 87.23} \tag{8.59}$$

$$\frac{\theta}{\delta e} = \frac{47.92s^2 + 189.1s + 168.1}{s^4 + 15.63s^3 + 88.02s^2 + 62.64s + 87.23} \tag{8.60}$$

$$\frac{\theta}{\delta t} = \frac{4.825s + 68.38}{s^4 + 15.63s^3 + 88.02s^2 + 62.64s + 87.23} \tag{8.61}$$

$$\frac{h}{\delta e} = \frac{-3.6s^3 + 346.5s^2 + 62.64s + 2433}{s^5 + 15.63s^4 + 88.02s^3 + 62.64s^2 + 87.23s} \tag{8.62}$$

$$\frac{h}{\delta t} = \frac{-1.193s^3 - 6.124s^2 + 81.35s + 1106}{s^5 + 15.63s^4 + 88.02s^3 + 62.64s^2 + 87.23s} \tag{8.63}$$

同理，由横向运动方程，就可以得到横向运动传输函数为

$$\frac{v}{\delta a} = \frac{-25.55s^2 + 36.49s + 195.2}{s^4 + 4.686s^3 + 26.32s^2 + 44.27s - 1.977} \tag{8.64}$$

$$\frac{v}{\delta r} = \frac{-1.822s^3 + 35.2s^2 + 157.5s + 154.4}{s^4 + 4.686s^3 + 26.32s^2 + 44.27s - 1.977} \tag{8.65}$$

$$\frac{p}{\delta a} = \frac{8.348s^3 + 27.4s^2 + 211.9s - 33.36}{s^4 + 4.686s^3 + 26.32s^2 + 44.27s - 1.977} \tag{8.66}$$

$$\frac{p}{\delta r} = \frac{10.86s^3 + 30.15s^2 + 176.5s - 27.48}{s^4 + 4.686s^3 + 26.32s^2 + 44.27s - 1.977} \tag{8.67}$$

$$\frac{r}{\delta a} = \frac{4.24s^3 + 13.34s^2 + 47.08s + 189.2}{s^4 + 4.686s^3 + 26.32s^2 + 44.27s - 1.977} \tag{8.68}$$

$$\frac{r}{\delta r} = \frac{-2.127s^3 - 8.454s^2 + 22.05s + 155.9}{s^4 + 4.686s^3 + 26.32s^2 + 44.27s - 1.977} \tag{8.69}$$

$$\frac{\phi}{\delta a} = \frac{9.096s^2 + 29.76s + 220.2}{s^4 + 4.686s^3 + 26.32s^2 + 44.27s - 1.977} \tag{8.70}$$

$$\frac{\phi}{\delta r} = \frac{10.48s^2 + 28.66s + 180.4}{s^4 + 4.686s^3 + 26.32s^2 + 44.27s - 1.977} \tag{8.71}$$

$$\frac{\psi}{\delta a} = \frac{4.305s^3 + 13.55s^2 + 47.81s + 192.1}{s^5 + 4.686s^4 + 26.32s^3 + 44.27s^2 - 1.977s} \tag{8.72}$$

$$\frac{\psi}{\delta a} = \frac{-2.16s^3 - 8.585s^2 + 22.39s + 158.3}{s^5 + 4.686s^4 + 26.32s^3 + 44.27s^2 - 1.977s} \tag{8.73}$$

8.3 节将探讨特征方程的稳定性分析。

8.3　纵向稳定性分析

在设计控制器时，需要检查纵向和横向特征方程模态，来研究 UAV 的稳定条件。以上章节推导得出纵向运动特征方程为

$$(s^2 + 15.043s + 78.0719)(s^2 + 0.587s + 1.1174) = 0 \tag{8.74}$$

可以看出，有两个方程描述了无人机纵向运动。这两个方程代表了两种不同的模态：长周期模态较容易控制，但抑制需要较长时间；而短周期模态，使飞机高频波动运动，就如它的名字一样，具有高阻尼比。

在短周期模态下，攻角和俯仰角变化显著，而前进速度变化可以忽略不计。另外，在长周期模态下，u 和俯仰角的变化显著，这种模态可以被描述为飞机在动能和势能间转化。接下来，研究特征方程的根[2-5]。

方程的根是 $-7.5215 + 4.6367i$、$-7.5215 - 4.6367i$、$-0.2935 + 1.0155i$ 和 $-0.2935 - 1.0155i$。其中：两个根接近虚轴，描述了无人机的长周期运动；两个根远离虚轴，描述了无人机的短周期运动。角频率（w）、阻尼因子（ζ）和周期（T）值计算结果见表 8.1。由特征方程的根的位置得出，UAV 在给定的条件下纵向稳定。

表 8.1　短周期和长周期模态特征值

运动	固有频率/(rad/s)	阻尼因子	周期/s	半幅时间/s
短周期	8.8538	0.8513	1.3553	0.0917
长周期	1.0566	0.8515	5.9664	2.3509

从计算值和表 8.1 中的值可以看出，UAV 纵向运动时，根在虚轴的左侧，阻

尼因子和固有频率值是在期望的范围内。

8.4 横向稳定性分析

研究横向运动的特征方程和稳定性条件。特征方程为

$$(s^2 + 2.5638s + 20.9734)(s - 0.0435)(s + 2.1658) = 0 \qquad (8.75)$$

可以看出，横向特征方程也是四阶的，代表 3 种不同的模态，即滚转模态、螺旋模态和荷兰滚（振荡）模态[2,4,6]。

滚转模态主要是一种纯滚动运动。如果飞机不稳定，将导致在飞行器转动方向上的滚动增加。滚转模态由一个根表示，并给出了一阶非振荡响应；它一般在低攻角下稳定。

螺旋模态也给出一个一阶响应，它由一个一阶根表示。这种模态包括滚转和偏航运动。如果不稳定，偏航的同时滚转运动增加，飞机开始螺旋运动。但是，螺旋模态的不稳定性在某些特定的条件下可以容许的。

荷兰滚模态由侧滑角扰动引起，包括偏航、滚转、侧滑变化的总合。如果方向稳定性没有高到使飞机发生螺旋模态，就会出现荷兰滚，飞机表现出振荡偏航和横滚运动。

象征每一运动的根从特征方程得到，见表 8.2。

表 8.2 滚转模态、荷兰滚模态和螺旋模态特征值

模态	固有频率	阻尼因子	根	时间常数
滚转模态	N/A	N/A	-2.1658	0.4616s
螺旋模态	N/A	N/A	0.0435（不稳定）	16s（双振幅）
荷兰滚模态	4.58rad/s	0.27	-1.282 + 4.397i -1.282 - 4.397i	0.808s

结果表明，螺旋模态根是正的，此模态是不稳定的。滚转模态是稳定的，因为根为 -2.1658。荷兰滚模态阻尼因子为 0.27，固有频率是 4.58rad/s。对于稳定模态，给出了恢复到 36.8% 幅度的时间。螺旋模态中，计算得到到双振幅的时间，见表 8.2。

8.5 结论

采用无人机的运动线性方程，求出执行器输入与状态输出之间的传递函数。利用这些传递函数，分析了无人机横向和纵向稳定性。首先，通过传递函数得到特征方程，利用多项式的根研究其稳定性条件。研究了纵向运动的短周期模态和

长周期模态，以及横向运动的滚转、横滚、螺旋模态，表明无人机在所分析的飞行条件下是稳定的。

参考文献

1. Tewari A (2002) Modern control design with Matlab and Simulink. Wiley, Chichester
2. Pamadi BN (2003) Performance, stability, dynamics, and control of airplanes. AIAA education series, Reston
3. Etkin B, Reid LD (1996) Dynamics of flight: stability and control. Wiley, New York
4. Yechout TR, Morris SL, Bossert DE, Hallgren WF (2003) Introduction to aircraft flight mechanics. AIAA education series, Reston
5. Blakelock JH (1991) Automatic control of aircraft and missiles. Wiley, New York
6. Nelson RC (1998) Flight stability and automatic control. McGraw-Hill, New York

第9章 无人机经典控制器设计

9.1 经典比例－积分－微分（PID）控制器

在研究了无人机（UAV）的特征方程后，可以设计无人机的控制系统。本书针对无人机的控制器设计，提出了不同的方法，其中之一便是经典控制器。在这个控制结构中，使用了比例－积分－微分（PID）形式的控制器，同时使用根轨迹法研究了纵向和侧向方程。纵向和侧向控制器分别单独设计。

在经典控制器设计中，展现了 3 种不同形式的基本控制以及它们的组合形式。这 3 种不同的形式拥有不同的特性和传递函数。这 3 种基本控制器根据控制器中使用的增益类型来命名：

（1）比例增益；

（2）积分增益；

（3）微分增益。

比例增益乘以状态量期望值与实际值的误差可以得到其输出。所以，可以把该部分描述为

$$c(t) = Ke(t) \tag{9.1}$$

式中：$c(t)$ 为输出，$e(t) = x_d(t) - x_a(t)$ ，为使实际状态接近期望状态的误差量；K 为比例增益。其中，$x_d(t)$ 为期望状态条件；$x_a(t)$ 为实际（或者观测）量。

积分增益与输入误差的积分有关，可以被表述为

$$c(t) = \frac{1}{\tau_i} \int_0^t e(t)\,dt \tag{9.2}$$

将式（9.2）进行拉普拉斯变换，传递函数可以表示为

$$c(s) = \frac{1}{\tau_i s} e(s) \tag{9.3}$$

式中：τ_i 为积分时间。

微分增益与输入误差的微分有关，可以表示为

$$c(t) = \tau_d \frac{de(t)}{dt} \tag{9.4}$$

$$c(s) = \tau_d s e(s) \tag{9.5}$$

式中：τ_d 为微分时间。

微分增益部分只与误差微分有关，能够影响未来状态，但是从理论上不能消除常值误差。因此，微分控制不单独应用于控制系统中。

把比例、积分、微分控制组合运用，可以设计成不同类型的控制器。

单独使用比例增益可以设计一个 P 类型的控制器。控制系统输入为 $c(t) = Ke(t)$，传递函数为 $C(s)/E(s) = K$。

P 控制器一般可以使系统稳定，增大增益值可以减小稳态误差。不过，增益值过大会使系统变到不稳定状态。

在某些情况下，可以只使用积分部分设计控制器，这样的传递函数为 $\dfrac{C(s)}{E(s)} = \dfrac{1}{\tau_i s}$。积分控制可以消除稳态误差，但是响应速度会变慢。

如果把 P 型和 I 型增益结合，即把两种控制器结合，称为 PI 控制器。这种形式的控制器里，控制器输入为

$$c(t) = Ke(t) + \frac{K}{\tau_i} \int_0^t e(t)\,\mathrm{d}t \tag{9.6}$$

传递函数为

$$\frac{C(s)}{E(s)} = K\left(1 + \frac{1}{\tau_i s}\right) \tag{9.7}$$

PI 控制融合了两种控制效果，而且消除了稳态误差。积分作用对系统增加了一个零根，消除了稳态误差。另一方面，积分也影响了整个系统的响应，因此，P 型控制用来获取期望响应，补偿积分控制带来的不期望的影响。

另外一种组合是同时使用微分作用（D）和比例增益。那么，这种控制器称为 PD 控制器，它的响应为

$$c(t) = Ke(t) + K\tau_d \frac{\mathrm{d}e(t)}{\mathrm{d}t} \tag{9.8}$$

传递函数为

$$\frac{C(s)}{E(s)} = K(1 + \tau_d s) \tag{9.9}$$

假如使用 PD 型控制器，因为微分效果，受控系统会快速反应；不过，稳态误差依然存在。如果我们只是希望系统能够在短时间内达到期望状态，那么这种类型的控制器可以在这些场合使用。

PID 型控制器拥有 3 种控制类型的效果，根据控制律，它给出的响应为

$$c(t) = Ke(t) + \frac{K}{\tau_i} \int_0^t e(t)\,\mathrm{d}t + K\tau_d \frac{\mathrm{d}e(t)}{\mathrm{d}t} \tag{9.10}$$

传递函数可由下式给出：

$$\frac{C(s)}{E(s)} = K\left(\frac{1}{\tau_i s} + 1 + \tau_d s\right) \tag{9.11}$$

PID 型控制器使系统反应迅速，同时消除稳态误差。通过选择合适的增益可以得到期望响应。

在我们的设计中，PID 用来控制俯仰角、速度、航向和高度。通过比较给系统选择了最佳控制器。使用根轨迹法（通过选择增益）确定了控制器系数，进行了仿真，并进行了优化，比如通过 MATLAB 决定信号响应的指标性能。

9.2　纵向运动经典控制器

纵向控制器包含内环的速度控制器、俯仰角控制器和外环的高度控制器。P型俯仰角控制器的设计流程如图 9.1 所示。

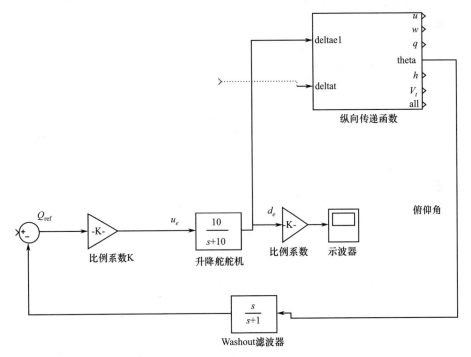

图 9.1　P 型俯仰角控制器的设计流程

无人机的运动方程用状态空间形式表示，在 MATLAB 中功能块表示如图 9.2 所示。

如果在传递函数中把 d_e 和 q 联系起来，并且包含升降舵舵机模型，可以使用根轨迹法选择合适的内环 Kq 增益。在外环，在系统中使用一个 Washout 滤波器处理不必要的信号输入。用一个 P 型控制器来控制 θ，同样可以使用根轨迹分析

选择合适的 K_θ 值。

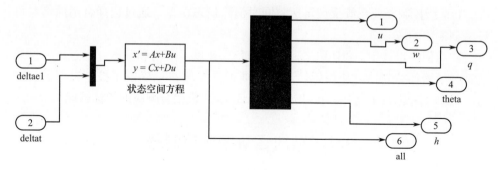

图 9.2　运动方程 Simulink 功能块表示

9.2.1　俯仰角速率控制器（内环）

通常把短周期内环控制的俯仰角速率和长周期外环控制的俯仰角的反馈一起实现，来获取需要的阻尼系数和角频率。然而，正如我们在线性化的纵向运动方程看到的，短周期运动模式的值已经在期望范围之内，内环控制不再需要反馈量。可以从军用标准 MIL – F – 8785C 或者通用飞行器标准 FAR 得到确认。当然，在这个问题上也有一些研究提出，对于小型无人机，应该使用不同的标准对系统特性进行评价。

$$w_{1,2} = 8.8358\mathrm{rad/s}, \xi_1 = 0.8513, T_{1,2} = 1.3553\mathrm{s}, t_a = 0.0917\mathrm{rad/s}$$

$$w_{3,4} = 1.0566\mathrm{rad/s}, \xi_1 = 0.0815, T_{1,2} = 5.9664\mathrm{s}, t_a = 2.3509\mathrm{rad/s}$$

短周期模式的阻尼因子在 0.8513 附近，同时内环控制中不需要反馈。因此，只需要使用内环增益 K_θ，而不用选择 K_q 来改善长周期模型的特征值。内环控制可以根据不同的飞行条件进行研究，改变控制特性。俯仰角 θ 和输入 u_e 的传递函数可以表示为

$$\frac{\theta}{u_e} = \frac{479.2s^3 + 1891s^2 + 1681s}{s^6 + 26.63s^5 + 269.9s^4 + 1187s^3 + 1656s^2 + 1586s + 872.3} \quad (9.12)$$

此处，俯仰角舵机的时间常数为 0.1s，模型建立为

$$TF_{\mathrm{elevator}} = \frac{-10}{s + 10} \quad (9.13)$$

给定负值增益情况下，系统的根轨迹如图 9.3 所示。

从根轨迹图可以发现，在反馈 K_θ 作用下，增益值在 0.5 附近，短周期模式中，阻尼系数不需要减小太多（0.665），同时，长周期运动特性也能得到改善（阻尼系数为 0.7）。换句话说，俯仰角 θ 反馈改善了长周期运动特性。包含了 Washout 滤波器和阶跃响应的系统传递函数为（图 9.4）：

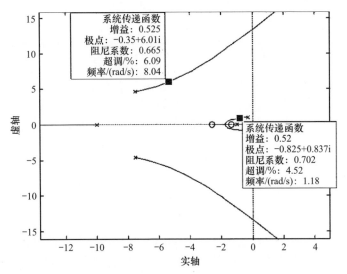

图 9.3　控制 θ 角的根轨迹

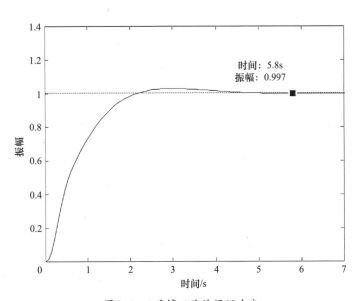

图 9.4　θ 反馈回路的闭环响应

$$\frac{\theta}{\theta_{\text{ref}}} = \frac{L\theta}{L\theta_{\text{ref}}} \tag{9.14}$$

$$L\theta = 2492s^8 + 7619s^7 + 94320s^6 + 584500s^5 + 1816000s^4 + 3062000s^3 + \\ 3225000s^2 + 2244000s + 76200 \tag{9.15}$$

$$L\theta_{\text{ref}} = 10^3(0.001s^{11} + 0.05226s^{10} + 1.197s^9 + 15.8s^8 + 131.2s^7 + 695.4s^6 + \\ 2279s^5 + 4372s^4 + 5669s^3 + 4881s^2 + 2768s + 760.9) \tag{9.16}$$

正如我们所看到的，系统为稳定系统，而且稳态误差非常小。

闭环反馈系统的传递函数可以表示为

$$TF_{\text{feedback}} = \frac{G(s)}{1 + G(s)(H(s) - 1)} \tag{9.17}$$

式中：$G(s)$ 为升降舵机传递函数（θ/δ_e）乘以 K_θ；$H(s)$ 为 Washout 滤波器的传递函数。

位置常数如式（9.18）所示，其中 zn 为零点，pn 为极点：

$$K_p = \frac{k \times zn}{pn} \tag{9.18}$$

使用位置常数计算得到稳态误差为

$$e_\infty = \frac{1}{1 + K_p} \tag{9.19}$$

使用稳态误差和位置常数公式，我们给反馈环选择合适的增益值来达到很低的稳态误差值。在这个案例中，使用基于根轨迹方法的设计得到的稳态误差是 0.003，是一个相当小的值了。此外，在 9.2.2 节中，建立了一个外环高度控制器。这样，不用改变内环控制器的结构，也不用采用式（9.17）~式（9.19）的方法。

9.2.2　高度控制器（外环）

对于高度控制器，PID 型控制器的性能经过了检验。

正如设计流程的第一个步骤，首先建立了俯仰角和高度之间的传递函数。计算得到从输出俯仰角到参考输入的传递函数，然后结合 $\frac{h}{\theta}$，即乘以 $\frac{h}{\delta_e}$ 和 $\frac{\theta}{\delta_e}$。最终，建立了 $\frac{h}{\theta_{\text{ref}}}$ 的传递函数。然后，运用根轨迹法研究分析该系统特性：

$$TF_1 = \frac{-18.72(s - 104.5)(s + 10)(s + 7.34)(s + 2.6)(s + 1.34)(s + 1)(s + 0.88)}{s(s + 12.26)(s + 11.33)(s + 2.6)(s + 13.5)(s + 0.74)(s^2 + 0.59s + 1.12)} \tag{9.20}$$

$$TF_2 = \frac{(s^2 + 0.58s + 1.11)(s^2 + 0.587s + 1.117)(s^2 + 15.04 + 78)(s^2 + 15.04s + 77.9)}{(s^2 + 0.59s + 1.12)(s^2 + 15.04s + 75)(s^2 + 15.04s + 78)(s^2 + 10.7s + 65)} \tag{9.21}$$

$$\left(\frac{h}{\theta_{\text{ref}}}\right) = TF_2 \times TF_1 \tag{9.22}$$

稳态系统的严格增益值为 0.299，如图 9.5 所示。此系统可以使用 PID 型控制器，但是，该系统已经是稳态系统，而且有一个零根，可以起到积分效果。因此，可以只设计 PD 控制器，不采用 PID 控制器。PD 控制器可以在给出一个快速响应的同时达到合适的期望值。

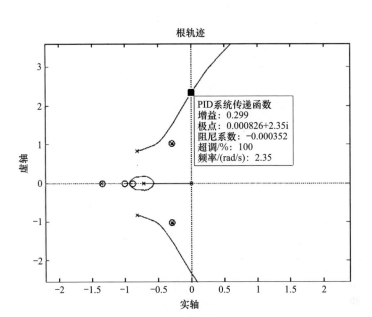

图 9.5　根轨迹设计高度控制器（外环）

使用 Ziegler-Nichols 经验法计算 PID 控制器的系数，这样误差的积分作用最小。得到的增益和角频率的准确值为 $K_{hpu} = 0.299$，$\omega_u = 2.35\mathrm{rad/s}$。通过 Ziegler-Nichols 法则，P 增益应为准确增益值的 0.6 倍，积分和微分增益可以通过文献［6，7］计算：

$$T_u = \frac{2\pi}{\omega_u} = 2.72\mathrm{s} \tag{9.23}$$

$$K_{hp} = 0.6 \times K_{hpu} = 0.1794 \tag{9.24}$$

$$K_{hd} = 0.6 \times K_{hpu} \times 0.125 \times T_u = 0.06 \tag{9.25}$$

$$K_{hi} = \frac{0.6 \times K_{hpu}}{0.5 \times T_{hu}} = 0.134 \tag{9.26}$$

上面给出使用 Ziegler-Nichols 方法计算出的 PID 值。在控制系统中，这些增益值需要和饱和器同时使用，这样可以把参考俯仰角限制在期望区域内。结果是令人满意的，俯仰角和高度均可以在短时间内达到期望值。

为了更好地控制速度，减小响应超调，重新计算了这些增益值。加入控制器和未加控制器情况下系统响应如图 9.6 ~ 图 9.8 所示。同时给出了基于 Ziegler-Nichols 方法的增益值和试验结果。可以看到，使用通过试验法确定的增益值，系统的响应得到了改善。通过试验，取 $K_{hp} = 0.58$，$K_{hi} = 0.25$，$K_{hd} = 0.2$，系统响应可以得到上述结果。

高度控制系统的响应得到了改善。然而，在系统方程中已经包含了积分效

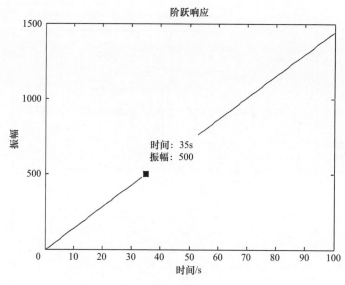

图9.6 未加控制系统的响应（ h/θ_{ref} ）

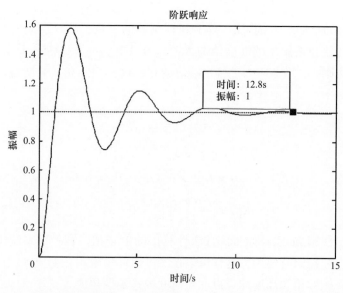

图9.7 带有 PID 控制器的，基于 Ziegler-Nichols 增益的高度控制系统响应

果，因此选择一个 PD 型控制器，而不是 PID 型控制器。使用 Ziegler-Nichols 方法确定 PD 型控制器的增益值的初值。比例增益值 K_{hp} 取 0.1794，并使用之前确定的 K_{hd} 值进行了试验。最终 PD 控制器中 K_{hd} 的值取 0.132。在这种情况中，系统在 −1.33 处增加了一个零值。使响应快速且无振荡。图 9.9 所示为使用 PD 控制器时系统的阶跃响应。

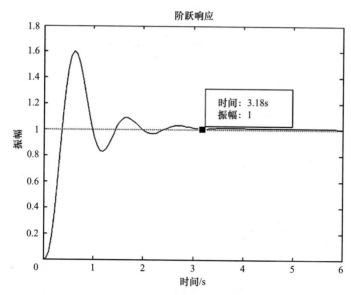

图 9.8 带有 PID 控制器的，基于增益的高度控制系统响应试验结果

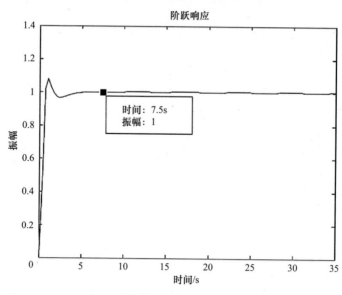

图 9.9 带有 PD 控制器的阶跃响应

在这个案例中，参考高度输入为 100m，速度控制器下飞行速度保持恒值 20m/s，设计的高度控制器的系统响应如图 9.10 所示。另外，控制速度保持在 20m/s 的控制器的响应结果如图 9.11 所示。正如我们看到的，对于系统来说，高度控制采用 PD 控制器效果良好。但是，为了防其他干扰的出现，也可能使用 PID 型的控制器。

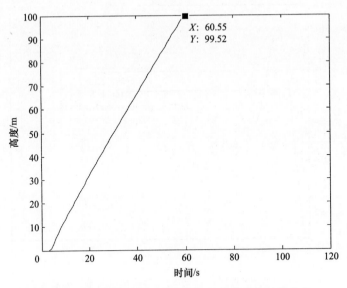

图 9.10　参考高度输入 100m 的 PD 型高度控制器响应

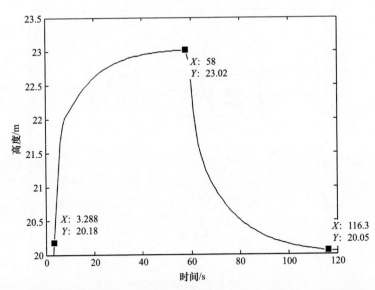

图 9.11　控制速度保持在 20m/s 的控制器的响应（当高度控制器工作在参考输入时）

图 9.12 所示为最终高度控制器的 Simulink 结构。可以看出，控制作用的完成由内环俯仰角控制 K_θ、外环高度控制 PD 型控制器和饱和器共同组成。饱和器用于显示升降舵角度和参考俯仰角的值。速度控制器给出的控制输入 δ_t 没有在图表中列出。

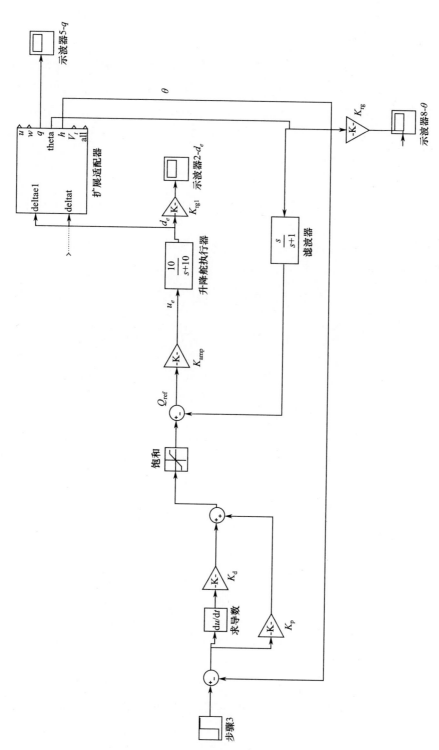

图9.12　高度控制器的Simulink框架

9.2.3 速度控制器

使用推力输入 δ_t 设计了速度控制器对飞行速度进行控制。这里应用了 P 型控制器。阶跃响应的计算结果和仿真结果均表明，使用 δ_t 作为输入的 P 型速度控制器是令人满意的。同样，使用根轨迹法来找到合适的增益值 K。在之前建立的传递函数中，没有 $\dfrac{V_t}{\delta_t}$ 的传递函数，不过可以通过下面方程得到：

$$\dot{V}_t V_t = U\dot{U} + W\dot{W} + V\dot{V} \tag{9.27}$$

可以发现，对于提出的 $\dfrac{V_t}{\delta_t}$ 传递函数，在一个给定的线性化条件下的工作点，$\dfrac{u}{V_t}$ 和 $\dfrac{\omega}{V_t}$ 几乎保持不变，而且 v 为 0。通过已经计算得到的速度值可以决定其他工作点的值等。

系统增加了一个包含 V_t 传递函数的六阶矩阵。这个新的 A_{lon} 矩阵，表示为 $A_{\text{lon\_vt}}$，如：

$$A_{\text{lon\_vt}} = \begin{bmatrix} -0.3356 & 1.3181 & -1.9276 & -9.6610 & 0 & 0 \\ -1.7916 & -3.9003 & 9.8215 & -1.7035 & 0 & 0 \\ 0.7020 & -3.5375 & -11.3920 & 0 & 0 & 0 \\ 0 & 0 & 1.0000 & 0 & 0 & 0 \\ -0.1736 & -0.9848 & 0 & 17.4856 & 0 & 0 \\ -1.234 & -3.5261 & 9.1667 & 3.8967 & 0 & 0 \end{bmatrix} \tag{9.28}$$

正如前面阐释的，观测值选为 V_t，可以计算相关的传递函数。推力发动机建模为一个一阶传递函数，时间常数为 0.5s，建立的传递函数为

$$\frac{V_t}{\delta_t} = \frac{1.146s^4 + 9.433s^3 + 58.81s^2 + 318.8s + 423.2}{s^5 + 15.63s^4 + 88.02s^3 + 62.64s^2 + 87.24s} \tag{9.29}$$

$$\text{Actuator } TF = \frac{2}{s+2} \tag{9.30}$$

将上述两个传递函数结合，可以得到系统开环传递函数：

$$\frac{V_t}{u_t} = \frac{2.292s^4 + 18.87s^3 + 117.6s^2 + 637.6s + 846.4}{s^6 + 17.63s^5 + 119.3s^4 + 238.7s^3 + 212.5s^2 + 174.5s} \tag{9.31}$$

得到的 $V_t/\delta t$ 传递函数的根轨迹图如图 9.13 所示。可以看出，当增益小于 0.126（$K < 0.126$）时，系统处于稳定状态。首先，对用 Ziegler 方法得到的 PID 增值进行了检验。确定的准确值为 $K_{\text{pu}} = 0.126$，$\omega_u = 1.07\text{rad/s}$。增益计算过程为

$$T_u = \frac{2\pi}{\omega_u} = 5.8721\text{s} \tag{9.32}$$

$$K_{\text{hp}} = 0.6 \times K_{\text{hpu}} = 0.6 \times 0.126 = 0.0756 \tag{9.33}$$

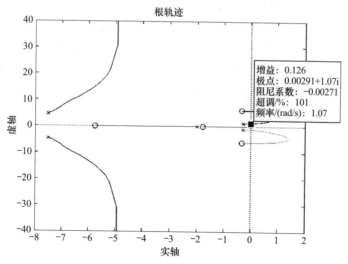

图 9.13　$V_t/\delta t$ 传递函数的根轨迹

$$K_{hd} = 0.6 \times K_{hpu} \times 0.125 \times T_u = 0.0257 \qquad (9.34)$$

$$K_{hi} = \frac{0.6 \times K_{hpu}}{0.5 \times T_{hu}} = 0.0555 \qquad (9.35)$$

　　从图 9.14 中可以看出超调值和过渡时间不是很好。因此，设计了一个只有 P 增益值的简单控制器。从传递函数的根可以看出，系统已经是稳定系统。当 $K_{vt} = 0.013$ 时，系统的响应如图 9.15 所示。通过增大增益值可以得到更好的响应结果。不过，为了获取更好的响应，δt 的改变会影响整个系统的响应。当增益值选

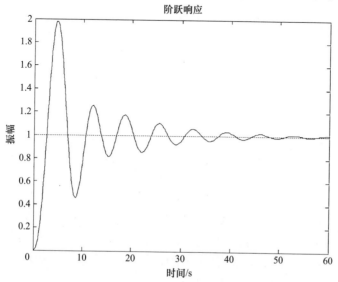

图 9.14　采用 Ziegler-Nichols 方法得到的增值 PID 控制器响应

为 0.025 时，系统的响应如图 9.16 所示。

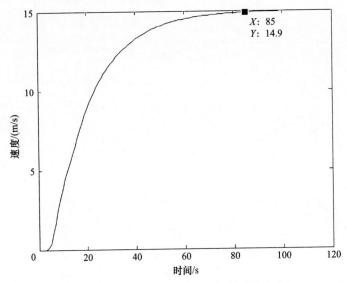

图 9.15　仅有 P 增益的 15m/s 参考输入的速度控制器系统响应（K_{vt} = 0.013）

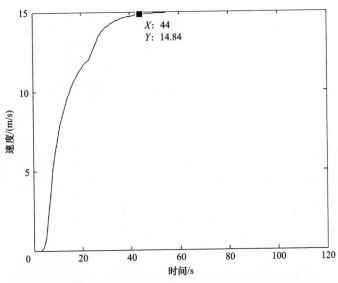

图 9.16　仅有 P 增益的 15m/s 参考输入的速度控制器系统响应（K_{vt} = 0.025）

　　很明显，系统响应速度变快了。但是，整个控制系统的响应也受到了影响。从图 9.17、图 9.18 可以看出，当飞行速度值设定到某一值时，高度值也发生了变化。可以理解，当控制 V_t 的增益值增加时，控制高度部分的增益值也会增加。我们看到，当 K_{vt} = 0.025 时，短时间内会有一个大约 10m 的高度变化量，这个响应对小型无人机操作来说是不希望看到的（图 9.18）。因此，增益值的选择需

要能够对控制 V_t 给出快速响应，同时引起很小的高度变化量。

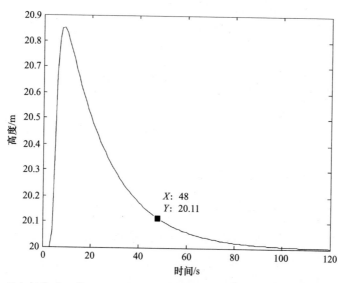

图 9.17　无人机速度以每 15m/s 改变一次速度控制器对应的高度变化（$K_{vt}=0.015$）

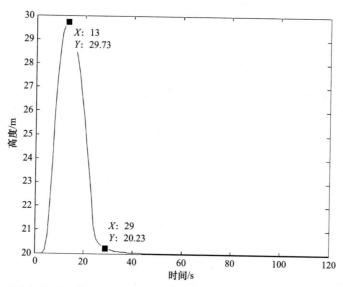

图 9.18　无人机速度以每 15m/s 改变一次速度控制器对应的高度变化（$K_{vt}=0.025$）

图 9.19 所示为 $K_{vt}=0.015$ 时的阶跃响应。这是给速度控制器选择的最终增益值。当速度变化量小于 10m/s 时，可以把增益值提高到 $K_{vt}=0.02$，取决于期望的响应。

速度控制器的完整结构如图 9.20 所示。

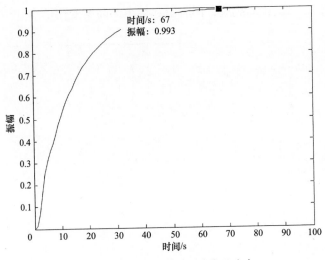

图 9.19 当 $K_{vt} = 0.015$ 时阶跃响应

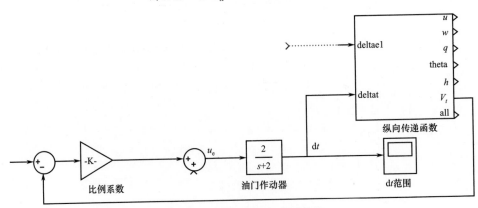

图 9.20 速度控制器的完整结构

9.3 横向运动经典控制器

在第 8 章中，推导了横向运动方程。除典型状态信息外，同时使用航向方程，$\dot{\psi} = r\sec\theta$。在本节中，使用微分方程和矩阵 $\boldsymbol{A}_{\text{lat}}$ 和 $\boldsymbol{B}_{\text{lat}}$，设计了横向运动控制系统。

对于横向经典控制器设计，为了提高稳定性，我们的设计思路包含了一个内环控制。当航向控制器工作时，我们加入一个航向阻尼器将方向舵参考值限制到零位。副翼的输入取决于滚转速率（p）、滚转角（$\varPhi$）、航向角（$\varPsi$），这是设计横向控制器经典且有效的方法。不过，在设计过程中，应牢记副翼与方向舵的解耦难题。在设计控制器时，washout 滤波器、副翼和方向舵方程应综合处理，同时状态方程应该包含舵机的模型方程（图 9.21）。

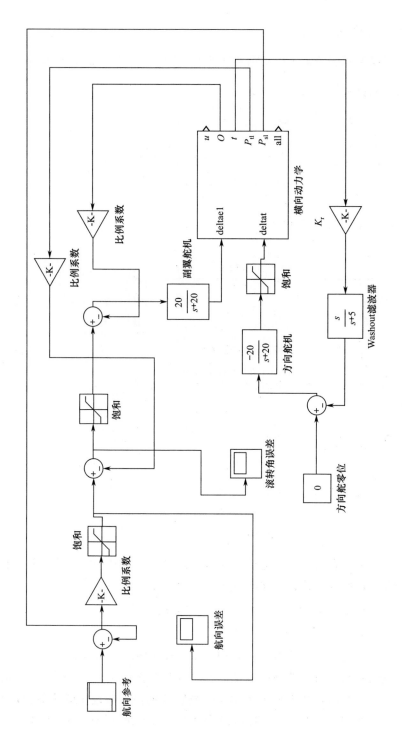

图 9.21　横向控制系统框架

9.3.1 滚转角速率控制器

可以从对控制器影响最小的角速率环开始设计，通过横向运动方程可以得到 p/δ_a。副翼舵机传递函数取 $\dfrac{20}{20+s}$。

$$\frac{p}{\delta_a} = \frac{8.348s^3 + 27.4s^2 + 211.9s - 33.36}{s^4 + 4.686s^3 + 26.32s^2 + 44.27s - 1.977} \tag{9.36}$$

结合上述传递函数，可以得到 p/u_a 的关系（滚转角变化/控制输入）：

$$\frac{p}{u_a} = \frac{167s^3 + 548s^2 + 4238s - 667.2}{s^5 + 24.69s^4 + 120s^3 + 570.7s^2 + 883.4s - 39.54} \tag{9.37}$$

系统的根轨迹如图 9.22 所示。

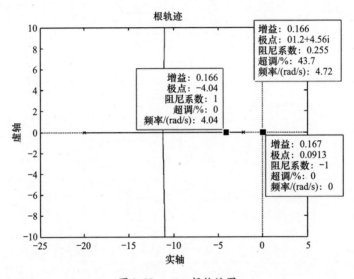

图 9.22　p/u_a 根轨迹图

从根轨迹图可以看出，滚转运动方程的根必须位于实轴左侧来提高系统的稳定性和滚转角变化的阻尼系数。前面特征方程的根有：

$$\begin{cases} s_{\text{spiral}} = 0.0435 \\ s_{\text{roll}} = -2.1658 \\ s_{\text{dutchroll}} = -1.2819 + 4.3966\text{i}, -1.2819 - 4.3966\text{i} \end{cases}$$

从根轨迹图看到，可以选择增益值 0.165 将实根移到 -4.03。同时，该增益值也稍微减小了荷兰滚转状态的阻尼因子。我们还需要检查这个螺旋状态的根。该螺旋状态是不稳定的，然而，当增益值改变时，这个根变为 0.09，双幅度时间间隔变为

$$T = \frac{\lg 2}{0.09} 7.5\mathrm{s} \tag{9.38}$$

这对于确保一个正常的工作环境来说足够了。因此，增益值 K_p 取为 0.165。
第二个闭环为 r/δ_r（方向舵输入引起的偏航角变化）。

9.3.2　偏航角阻尼器

从横向控制器设计的该步骤开始，通过考虑横向运动和 r/δ_r 中 washout 滤波器的耦合作用，我们需要确定输出矩阵 C 和增益矩阵 K。

横向运动状态矩阵（A_{lat}）为

$$A_{\mathrm{lat}} = \begin{bmatrix} -1.0502 & 1.9276 & -9.8215 & -9.6610 & 0 \\ -1.2213 & -1.9155 & 1.0096 & 0 & 0 \\ 1.7255 & 0.0919 & -1.7198 & 0 & 0 \\ 0 & 1.0000 & 0.1763 & 0 & 0 \\ 0 & 0 & 1.0154 & 0 & 0 \end{bmatrix} \tag{9.39}$$

新的状态矩阵为

$$X = \begin{bmatrix} A_{\mathrm{lat}} \ B_{\mathrm{lat}} & 0 \\ 0\ 0\ 0\ 0\ 0 & \dfrac{-1}{T_a}\ 0\ 0 \\ 0\ 0\ 0\ 0\ 0\ 0 & \dfrac{-1}{T_r}\ 0 \\ 0\ 0\ 1\ 0\ 0\ 0\ 0\ 0 & \dfrac{-1}{T_w} \end{bmatrix} \tag{9.40}$$

这里，横向运动状态矩阵加入了 δ_a 副翼输入、δ_r 方向舵输入、x_w washout 滤波器。T_a、T_r、T_w 分别为副翼舵机、方向舵舵机、washout 滤波器的时间常数。由此得到的新的侧向运动该状态矩阵为

$$X = \begin{bmatrix} -1.0502 & 1.9276 & -9.8215 & 9.6610 & 0 & 0 & -1.8218 & 0 \\ -1.2213 & -1.9155 & 1.0096 & 0 & 0 & 8.3479 & 10.8560 & 0 \\ 1.7255 & 0.0919 & -1.7198 & 0 & 0 & 4.2400 & -2.1272 & 0 \\ 0 & 1.0000 & -0.1763 & 0 & 0 & 0 & 0 & 0 \\ 0 & 0 & 1.0154 & 0 & 0 & 0 & 0 & 0 \\ 0 & 0 & 0 & 0 & 0 & -20.0000 & 0 & 0 \\ 0 & 0 & 0 & 0 & 0 & 0 & -20.0000 & 0 \\ 0 & 0 & 1.0000 & 0 & 0 & 0 & 0 & -5 \end{bmatrix} \tag{9.41}$$

这时，控制分配矩阵 B 为

$$B = \begin{bmatrix} 0 & 0 \\ 0 & 0 \\ 0 & 0 \\ 0 & 0 \\ 20 & 0 \\ 0 & 20 \\ 0 & 0 \end{bmatrix} \tag{9.42}$$

新的矩阵 **B** 中的值为方向舵和副翼舵机常量。这时控制输入和状态量为

$$\boldsymbol{u}_{\mathrm{lat}} = \begin{bmatrix} u_a \\ u_r \end{bmatrix} \tag{9.43}$$

$$\boldsymbol{x}_{\mathrm{lat}} = \begin{bmatrix} v & p & r & \varphi & \Psi & \delta_a & \delta_r & x_w \end{bmatrix}^{\mathrm{T}} \tag{9.44}$$

这时，如果我们能够定义矩阵 **C** 和 **K**，那么可以计算得到反馈矩阵：

$$\boldsymbol{X}_{\mathrm{lat}} = \boldsymbol{X} - \boldsymbol{BKC} \tag{9.45}$$

矩阵 **C** 包含 x_w、p、φ 反馈量，矩阵 **B** 中包含了副翼输入和方向舵输入。**K** 值取决于每个步骤中的反馈通道。

例如，第一步中，增益矩阵为

$$K = \begin{bmatrix} 0.1650 & 0 & 0 \\ 0 & 0 & 0 \end{bmatrix} \tag{9.46}$$

C 可以取为

$$\boldsymbol{C} = \begin{bmatrix} 0 & 1 & 0 & 0 & 0 & 0 & 0 & 0 \\ 0 & 0 & 1 & 0 & 0 & 0 & 0 & -5 \\ 0 & 0 & 0 & 1 & 0 & 0 & 0 & 0 \end{bmatrix} \tag{9.47}$$

式中：x_w、p、φ 被选为输出量。这样，在第一步中可得

$$\boldsymbol{BKC} = \begin{bmatrix} 0 & 0 & 0 & 0 & 0 & 0 & 0 & 0 \\ 0 & 0 & 0 & 0 & 0 & 0 & 0 & 0 \\ 0 & 0 & 0 & 0 & 0 & 0 & 0 & 0 \\ 0 & 0 & 0 & 0 & 0 & 0 & 0 & 0 \\ 0 & 0 & 0 & 0 & 0 & 0 & 0 & 0 \\ 0 & 3.3000 & 0 & 0 & 0 & 0 & 0 & 0 \\ 0 & 0 & 0 & 0 & 0 & 0 & 0 & 0 \\ 0 & 0 & 0 & 0 & 0 & 0 & 0 & 0 \end{bmatrix} \tag{9.48}$$

系统通过新计算得到的矩阵 **A** 进行状态更新，同时，通过状态 x_w 得到 $\dfrac{r}{\delta_r}$。那么第一层反馈下新的横向运动状态矩阵为

$$X_1 = \begin{bmatrix} -1.0502 & 1.9276 & -9.8215 & 9.6610 & 0 & 0 & -1.8218 & 0 \\ -1.2213 & -1.9155 & 1.0096 & 0 & 0 & 8.3479 & 10.8569 & 0 \\ 1.7255 & 0.0919 & -1.7198 & 0 & 0 & 4.2400 & -2.1272 & 0 \\ 0 & 1.0000 & 0.1763 & 0 & 0 & 0 & 0 & 0 \\ 0 & 0 & 1.0154 & 0 & 0 & 0 & 0 & 0 \\ 0 & -3.3000 & 0 & 0 & 0 & -20.0000 & 0 & 0 \\ 0 & 0 & 0 & 0 & 0 & 0 & -20.0000 & 0 \\ 0 & 0 & 1.0000\,0 & 0 & 0 & 0 & -5 \end{bmatrix}$$

$$\tag{9.49}$$

现在可以得到需要的传递函数为

$$\frac{r}{\delta_r} = \frac{-42.54s^4 - 1020s^3 - 7151s^2 + 5162s + 62350}{s^6 + 44.69s^5 + 641.3s^4 + 3613s^3 + 14810s^2 + 31510s - 2992} \tag{9.50}$$

$$\frac{r}{u_r} = \frac{-42.54s^5 - 1020s^4 - 7151s^3 + 5162s^2 - 62350s}{s^7 + 49.69s^6 + 864.8s^5 + 6820s^4 + 32875s^3 + 105560s^2 + 154558s - 14960}$$

$$\tag{9.51}$$

在 $\dfrac{r}{\delta_r}$ 加入 washout 滤波器的传递函数可以计算得到 $\dfrac{r}{u_r}$。

特征方程的根可以计算得到 -20.0642、-18.2896、$-1.1988 + 4.5611\mathrm{i}$、$-1.1988$、$-4.5611\mathrm{i}$、$-5.0000$、$-4.0297$ 和 0.0910。

这个环路中使用反馈的目的是提高荷兰滚模态的阻尼系数。

从根轨迹图（图 9.23）中可以看到，对于负值增益来说，增益值取 0.405 时阻尼系数为 0.43，而且对螺旋模态影响不大。因此，K_r 可以取为 -0.4。这个

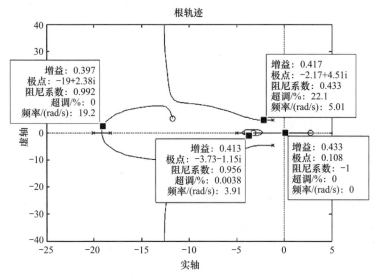

图 9.23　偏航角回路的根轨迹图

步骤之后，需要得到 $\dfrac{\varphi}{\delta_a}$ 的关系式，这个对于 φ 反馈是十分重要的。

9.3.3 滚转角环

与 9.3.2 节引入的设计步骤类似，可以用于得到关联 φ 和 δ_a、u_a 的等式：

$$\frac{\varphi}{u_a} = \frac{181.9s^4 + 5143s^3 + 4768s^2 + 186000s + 440400}{s^7 + 49.69s^6 + 881.7s^5 + 7227s^4 + 35730s^3 + 103500s^2 + 129600s - 14960}$$

$$(9.52)$$

这个特征方程的根为 $-19.0107 + 2.3780i$、$-19.0107 - 2.3780i$、$-2.1175 + 4.5109i$、$-2.1175 - 4.5109i$、$-3.7698 + 1.1211i$、$-3.7698 - 1.1211i$ 和 0.1061。

增益值可以通过根轨迹图（图9.24）得到。

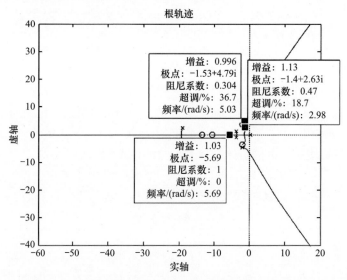

图 9.24　滚转角回路的根轨迹图

选择增益值 $K_\varphi \approx 1$ 时，螺旋模态的根变得更加稳定，同时荷兰滚模态的阻尼系数也很大。这时，滚转模态的根为 5.5。选择该 K 值同时可以使响应没有振荡。而且，选择一个大的比例增益值减小了稳态误差。

9.3.4 航向控制器

为了设计航向控制器，需要使用上一个增益矩阵来确定航向与副翼输入关系的等式。得到的上个增益矩阵为

$$\boldsymbol{K}_{\text{last}} = \begin{bmatrix} 0.1650 & 0 & 1 \\ 0 & -0.4 & 0 \end{bmatrix} \tag{9.53}$$

重新计算横向运动矩阵 $\boldsymbol{A}$，选择合适的输出，可得

$$\frac{\psi}{u_a} = \frac{86.11s^5 + 2424s^4 + 16340s^3 + 54840s^2 + 191700s + 384200}{s^8 + 49.69s^7 + 881.7s^6 + 7409s^5 + 40870s^4 + 151100s^3 + 315600s^2 + 425400s}$$

(9.54)

上个环路开环的根为 $-19.117 + 1.92i$、$-19.117 - 1.92i$、$-1.5285 + 4.79i$、$-1.5285 - 4.79i$、-5.6534、$-1.3728 + 2.4857i$ 和 $-1.3728 - 2.4857i$。

比例增益值取为 0.5（图 9.25）。取该值时，滚转模态的根得到了更好的响应改善，而且螺旋模态也是稳定的。同时，荷兰滚模态的阻尼系数变为 0.3。系统的响应如图 9.26 ~ 图 9.30 所示。

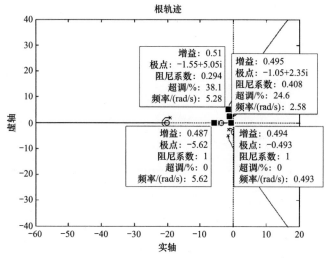

图 9.25　$K_\psi = 0.5$ 的根轨迹值

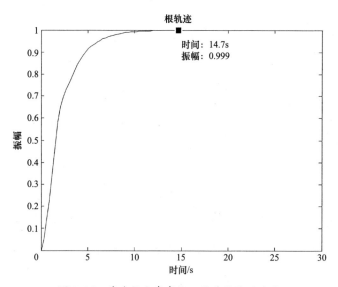

图 9.26　基准航向参考输入的系统阶跃响应

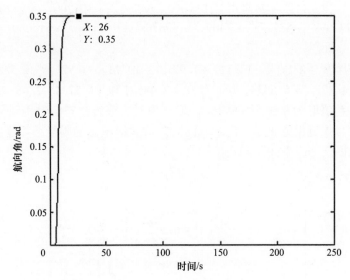

图 9.27 系统对 0.35rad 参考航向输入的响应

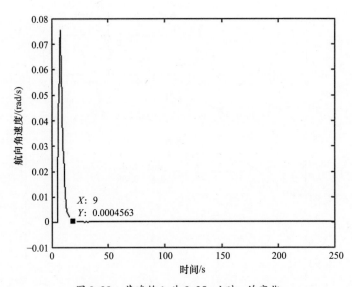

图 9.28 基准输入为 0.35rad 时 r 的变化

在航向控制器中，因为设计简单和响应迅速的特点，选择一个 P 型控制器。可以看到，该控制器能够使无人机迅速指向参考航向，而且没有引起明显的滚转角变化。

在这个系统中，方向舵和副翼舵机时间常数取为 0.05s，传递函数分别为 +

$\dfrac{20}{s+20}$、$-\dfrac{20}{s+20}$。

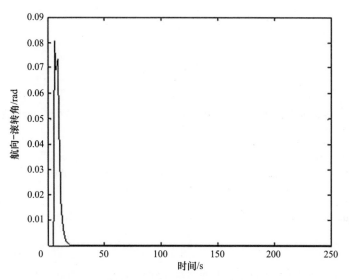

图 9.29　参考航向输入为 0.35rad 时 Φ 的变化

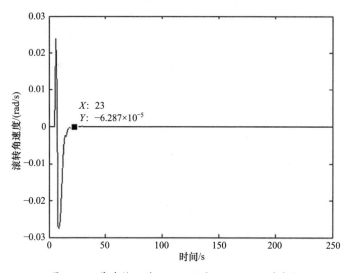

图 9.30　基准输入为 0.35rad 时 p（rad/s）的变化

方向舵回路 Washout 滤波器的时间常数为 $l = 0.2\mathrm{s}$，传递函数为 $\dfrac{s}{s+5}$。

9.4　结论

在本章中，使用经典控制方法设计了无人机的飞行控制系统。针对不同的参数，例如高度和航向分别进行了讨论，而且详细地解释了控制器的设计步骤。该方法对于无人机控制来说是最常见的方法，而且证明了对于控制横向和纵向运动量均有较好的结果。

参考文献

1. Golnaraghi F, Kuo BC (2009) Automatic control systems, 9th edn. Wiley, Englewood Cliffs
2. Yechout TR, Morris SL, Bossert DE, Hallgren WF (2003) Introduction to aircraft flight mechanics. AIAA education series, Reston
3. Williams W (2003) UAV handling qualities . . . . .you must be joking. Aerospace Sciences Corporation Pty. Ltd., Elizabeth, Australia. Available online at: http://aerosciences.com.au/hidden/UAV%20Handling%20Qualities%20Paper%20v1.pdf
4. Capello E, Guglieri G, Marguerettaz P, Quagliotti F (2012) Preliminary assessment of flying and handling qualities for mini-UAVs. J Intell Robot Syst 65(1–4):43–61. doi:10.1007/s10846-011-9565-5
5. Pamadi BN (2003) Performance, stability, dynamics, and control of airplanes. AIAA education series, Reston
6. Nelson RC (1998) Flight stability and automatic control. McGraw-Hill, New York
7. Haugen F (2004) PID control. Tapir Academic Press, Trondheim
8. Stevens BL, Lewis FL (1992) Aircraft control and simulation. Wiley, Chichester

第10章 线性二次型调节器（LQR）控制器设计

10.1 引言

设计无人机控制系统的首要步骤是定义动力学模型，并确定空气动力学系数。这样可以将非线性模型进行线性化来给无人机设计一个线性控制器。这个阶段中，用来表示无人机正常动作的不同运动方程的特征值也需要进行讨论。最终，根据期望的技术参数设计控制器和滤波器。

本章选择最优控制方法线性二次型调节器（LQR）设计小型固定翼无人机纵向运动的控制器，然后使用卡尔曼滤波方法解释外部干扰影响控制器的原因，同时通过仿真给出了带和不带卡尔曼滤波器时控制器的控制效果。线性二次型控制是一种控制飞行器的最优控制方法，这个控制方法的目的是减少用来控制飞行器的所需能量。如果某些系统状态不可测量或者测量值噪声太大时，该方法可以和滤波器技术（卡尔曼滤波器等）同时使用。

文献 [2] 对不同构型的飞行器进行了研究，其中包括 LQR 控制器设计。文献 [3] 使用 LQR 方法来控制自动飞行直升机的轨迹和任务路径。在某些工作点对非线性运动动力学方程进行了线性化，通过泰勒展开得到了线性模型。使用 LQR 方法对自动飞行 Puma 直升机的姿态进行了控制。文献 [4] 中 Oner 等通过研究表明 LQR 控制器对于任意航向角时的竖直飞行模态是十分有效的。文献 [5] 针对自动飞行飞艇展示了增益调度 LQR 控制器的设计流程。根据无人飞艇的非线性六自由度（6DOF）模型设计了两种形式的控制子系统（横向和纵向）来满足不同的控制目标（航向、速度和位置控制）。在文献 [2-5] 中，LQR 控制器均没有和滤波器同时使用。

在某些研究中，滤波器技术用来分析 LQR 设计的效果、改善控制器的控制效果。文献 [6] 中，Santoso 等阐述了线性二次型最优控制对一个只有升降舵无人机的控制应用。LQR 控制器后面加入了基于卡尔曼滤波的估计器来估计某些不能测量的状态量。使用不同的判断准则证明了 LQR 控制器和卡尔曼估计器同时使用对高度控制器的可行性。仿真结果表明，该综合方法提供了更强的设计适应性，能够容忍存在噪声的环境，从这个意义上来说，该方法与对应的经典控制相比有了改善。

诸如鲁棒和自适应控制等一些先进控制方法也用在无人机控制中。例如，文献［7］中，Johnson 等的研究使用 H_∞ 技术来设计了已知模型的速度和高度控制器。不过，在该研究中，这些先进方法只是被证明可以设计一个更好的控制器，而没有进行实际使用。

在本章中，使用最优 LQR 控制方法和卡尔曼滤波器设计了小型无人机的高度控制器。在使用卡尔曼滤波器处理干扰的情况下，对使用 LQR 方法得出增益的控制器的效果进行了研究。

10.2　线性二次型最优控制器

本章中，使用线性二次型控制器方法给无人机设计最优控制器。该方法基于最小化标准，使用了反馈 $u = -kx(t)$。文献［8］中给出了用来最小化控制效果和状态量的性能指标：

$$J = \frac{1}{2}\int_0^\infty (\boldsymbol{x}^\mathrm{T}\boldsymbol{Q}\boldsymbol{x} + \boldsymbol{u}^\mathrm{T}\boldsymbol{R}\boldsymbol{u})\,\mathrm{d}t \tag{10.1}$$

$\|\boldsymbol{x}\| = \boldsymbol{x}^\mathrm{T}(t)\boldsymbol{x}(t)$ 和 $\boldsymbol{x}$ 是 $n \times 1$ 状态向量，取决于系统状态的上述范数可以用来作为系统响应的测量值。该指标还包含用来控制系统的输入 $\boldsymbol{u}$。J 中矩阵 $\boldsymbol{Q}$ 和 $\boldsymbol{R}$ 称为权重矩阵。当我们使用该反馈来设计控制器时，权重矩阵可以定义控制器响应中每个状态和控制输入的效果。

$\boldsymbol{Q}$ 为一个 $n \times n$ 实对称正定（或半正定）矩阵。$\boldsymbol{Q}$ 为

$$\boldsymbol{Q} = \begin{bmatrix} q_1 & 0 & \cdots & 0 \\ 0 & q_2 & \cdots & 0 \\ \vdots & \vdots & & 0 \\ 0 & 0 & \cdots & q_n \end{bmatrix} \tag{10.2}$$

矩阵 $\boldsymbol{Q}$ 中第 i 个元素的权重为控制作用的测量值，来控制相应的状态。元素值越大，用于该状态的控制作用越大。

矩阵 $\boldsymbol{R}$ 是一个 $p \times p$ 实对称正定矩阵，在最优解决方案中选择一个正定矩阵 $\boldsymbol{R}$ 是十分必要的。

如果在给定系统 $\dot{\boldsymbol{x}} = \boldsymbol{Ax} + \boldsymbol{Bu}$ 中，可以找到使指标 J 最小化的反馈 $u = -kx(t)$，那么就可以解决最优控制问题。为了达到该目的，需要把 Lyapunov 稳定性判据和二次型性能指标联系起来。

10.2.1　Lyapunov 稳定性判据

Lyapunov 稳定性判据用来处理系统的响应特性。当系统远离某一稳定状态时，无论能否返回稳态点，均可以使用 Lyapunov 判据测量得到。对于任意 x，如果存在一个非振荡的系统响应能够使系统保持在稳态点附近，那么该系统为 Lyapunov 稳定。对于任意 x，如果某点 x 存在一个非振荡的系统响应一直在 x^e（平衡

点）附近，那么该系统称为 Lyapunov 稳定。如果对任意 x，系统响应均能转移到平衡点 x^e，那么该系统称为 Lyapunov 渐进稳定。

为了约束该判据，可以使用范数 $\| x \| = x^{\mathrm{T}}(t)x(t)$，其提供了一个在平衡点附近的超立方体空间。如果系统响应停留在某一定义域 S 内，表明系统是稳定的。可得到结论，使用该范数，能够计算系统的总能量、检验稳定性条件，该方法称为 Lyapunov 方法。

通常，Lyapunov 标量函数定义为

$$V(x) = x^{\mathrm{T}}Px \tag{10.3}$$

式中：P 为实对称正定或负定矩阵。矩阵 P 的正定性决定了 Lyapunov 函数的状态。如果给一个系统建立一个 Lyapunov 函数，且该函数对任一 x 均有偏导数，那么使用这些偏导数可以检验稳定条件。

正定性条件为

$$\begin{cases} V(x) > 0 & (10.4) \\ V(0) = 0 & (10.5) \end{cases}$$

以下条件可以用来检验系统是否是稳定系统：

（1）如果 $\dot{V}(x) < 0$ 且 $x \neq 0$，那么系统渐进稳定；

（2）如果满足条件（1），同时，当 $\| x \| \rightarrow \infty$ 且 $V(x) \rightarrow \infty$，那么系统是大范围一致渐进稳定的。

这样，可以定义一个二次型 Lyapunov 函数来检验系统稳定性。这为我们使用线性二次型最优控制方法做了铺垫。

10.2.2　使用 Lyapunov 判据的线性二次型最优控制

加入 $u = -kx(t)$，性能指标 J 变为

$$J = \frac{1}{2}\int_0^\infty (x^{\mathrm{T}}Qx + x^{\mathrm{T}}K^{\mathrm{T}}RKx)\,\mathrm{d}t \tag{10.6}$$

与 J 类似，Lyapunov 稳定性函数可以定义为

$$V(x(t)) = \frac{1}{2}\int_0^\infty (x^{\mathrm{T}}Qx + x^{\mathrm{T}}K^{\mathrm{T}}RKx)\,\mathrm{d}t \tag{10.7}$$

确保 $x(\infty) = 0$，Lyapunov 函数的导数为

$$\dot{V}(x(t)) = -\frac{1}{2}(x^{\mathrm{T}}Qx + x^{\mathrm{T}}K^{\mathrm{T}}RKx) \tag{10.8}$$

Lyapunov 函数也可以写为

$$V(x) = \frac{1}{2}x^{\mathrm{T}}Px \tag{10.9}$$

该函数的导数为

$$\dot{V}(x) = \frac{1}{2}(\dot{x}^{\mathrm{T}}Px + x^{\mathrm{T}}P\dot{x}) \tag{10.10}$$

结合 $V(x)$ 导数等式，可得

$$(A - BK)^\mathrm{T}P + P(A - BK) + K^\mathrm{T}RK + Q = 0 \tag{10.11}$$

$V(x)$ 在 0 点的值等于系统起点为 0 时的性能指标的值。这样，指标 J 可以通过下式计算得到：

$$J = \frac{1}{2}x^\mathrm{T}(0)Px(0) \tag{10.12}$$

使性能指标 J 最小化的矩阵 P 的值可通过下式计算得到：

$$\frac{\partial\,(x^\mathrm{T}(0)Px(0))}{\partial\,k_{ij}} = 0 \tag{10.13}$$

如果最优矩阵 P 的值能够使其为正定矩阵，那么可以保证在 Lyapunov 函数下回路稳定，而且可以计算得到最优增益值。也可以使用黎卡提方程得到相同的结果，其定义为

$$R = \Gamma^\mathrm{T}\Gamma \tag{10.14}$$

使用上述等式 R 和最优值的 P，可以得到最后控制输入：

$$\frac{\partial}{\partial\,k_{ij}}\,(\Gamma K - (\Gamma^\mathrm{T})^{-1}B^\mathrm{T}P)^\mathrm{T}(\Gamma K - (\Gamma^\mathrm{T})^{-1}B^\mathrm{T}P) = 0 \tag{10.15}$$

使用 Lyapunov 公式计算该方程。通过计算 K，可以得到使系统最优的控制输入：

$$\Gamma K = (\Gamma^\mathrm{T})^{-1}B^\mathrm{T}P \tag{10.16}$$

$$K = R^{-1}B^\mathrm{T}P \tag{10.17}$$

$$u(t) = -KR^{-1}B^\mathrm{T}Px(t) \tag{10.18}$$

使用上述决定的 K 的值可以得到黎卡提矩阵方程[8]：

$$A^\mathrm{T}P + PA - PBR^{-1}B^\mathrm{T}P + Q = 0 \tag{10.19}$$

设计控制器时，第一个公式和上述黎卡提方程均被使用。如果使用黎卡提方程，那么必须首先确定纵向运动矩阵 A_lon、B_lon 和横向运动矩阵 A_lat、B_lat。然后，可以确定用来计算矩阵 P 的方程或者使用 MATLAB 函数找到所需的值。

LQR 控制器的一个优点是设计简单。不过该方法的缺点是希望系统状态量在任何时刻都是已知的。然而，一般来说，这些量是不能准确得知的，这需要使用滤波器方法。在该研究中，卡尔曼滤波用来估计在最优控制器中用到的状态量。

10.3　使用 LQR 方法的高度和速度控制器

10.3.1　LQR 高度控制器

使用 LQR 方法，设计了纵向高度、速度控制器和横向航向控制器。该系统的结构允许我们直接使用从黎卡提方程得到的增益值。式（10.20）~式（10.24）表

示无人机在稳态点的运动状态。这里，$\tilde{x}$ 表示与期望点的误差，xd 表示参考输入：

$$\tilde{x} = x - xd \tag{10.20}$$

$$\dot{\tilde{x}} = \dot{x} - \dot{xd} \tag{10.21}$$

$$\dot{\tilde{x}} = Ax + Bu - \dot{xd} \tag{10.22}$$

$$\dot{\tilde{x}} = Ax + Bu - \dot{xd} + Axd - Axd \tag{10.23}$$

$$\dot{\tilde{x}} = A\tilde{x} + Bu + Axd - \dot{xd} \tag{10.24}$$

可以理解为只使用 $u = -kx(t)$，不再给状态矩阵加入任何其他输入时，如果系统保持在 $Axd = \dot{xd}$，那么这时就能够控制系统达到最优状态。给定 $xd = [0;0;0;0;hd]$，其中 hd 是参考高度输入，在上述系统中只使用状态反馈能够达到参考点。简而言之，如果要控制的状态对其他状态没有直接影响（此时矩阵 A 中和该状态有关的列值为 0），可以直接使用上述方法。

该控制器的设计方案如图 10.1 所示。在该设计中，hd 的值乘以 $K_1 = [0;0;0;0;1]$，然后加入到 $u = -k_{LPQ}x(t)$，得到用于状态模型的真实控制输入。纵向运动状态 h、u、w、q 和 θ 是作用域。

该控制器用来控制高度值达到参考值，同时保持其他值不变。从图 10.2 ~ 图 10.7 中可以看到，除了高度值外，其他值的变化量均变为了 0，而且状态保持原值。下面给出了控制器中用到的权重矩阵（Q、Q_1 和 R）。当高度值变化时，观测量 U 的变化可以通过改变相应权重矩阵中的值进行控制。为了实现该目标，使用了两个不同的矩阵 Q（Q 和 Q_1），同时给出了结果。在矩阵 R 中，与升降舵对应的值比较大，为了使升降舵作用更加明显：

$$R = \begin{bmatrix} 100 & 0 \\ 0 & 1 \end{bmatrix} \tag{10.25}$$

$$Q = \begin{bmatrix} 1 & 0 & 0 & 0 & 0 \\ 0 & 1 & 0 & 0 & 0 \\ 0 & 0 & 1 & 0 & 0 \\ 0 & 0 & 0 & 100000 & 0 \\ 0 & 0 & 0 & 0 & 10 \end{bmatrix} \tag{10.26}$$

$$Q_1 = \begin{bmatrix} 10 & 0 & 0 & 0 & 0 \\ 0 & 1 & 0 & 0 & 0 \\ 0 & 0 & 1 & 0 & 0 \\ 0 & 0 & 0 & 100000 & 0 \\ 0 & 0 & 0 & 0 & 10 \end{bmatrix} \tag{10.27}$$

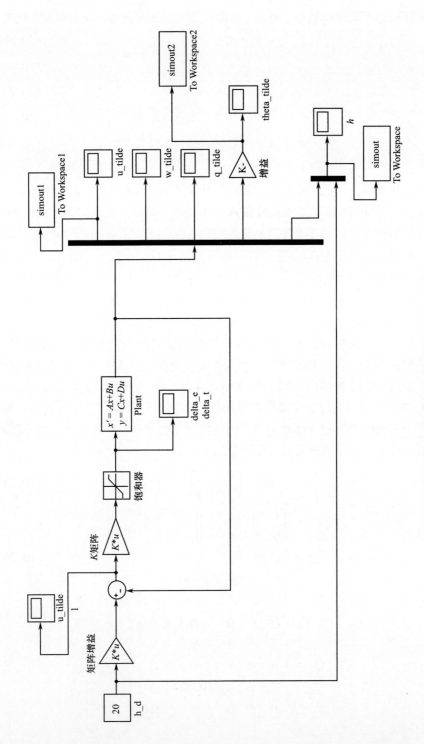

图10.1 线性二次正交（LQR）高度控制器

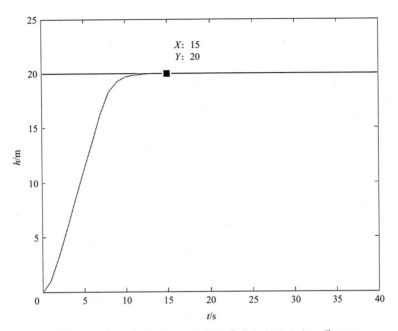

图 10.2　20m 参考高度输入的 LQR 高度控制器响应（带 *Q*）

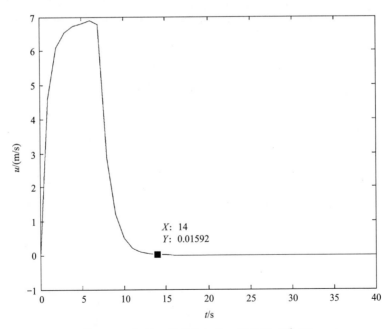

图 10.3　在 20m 高度输入时 *u* 值变化（带 *Q*）

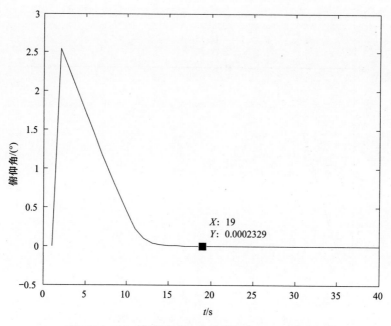

图 10.4　20m 参考高度输入的俯仰角变化（带 $\boldsymbol{Q}$）

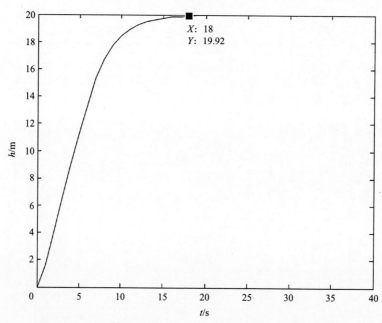

图 10.5　20m 参考高度输入时 LQR 高度控制器响应（带 $\boldsymbol{Q}_1$）

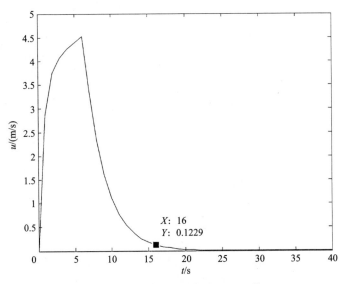

图 10.6　20m 高度输入的 u 的变化（带 $\boldsymbol{Q}_1$）

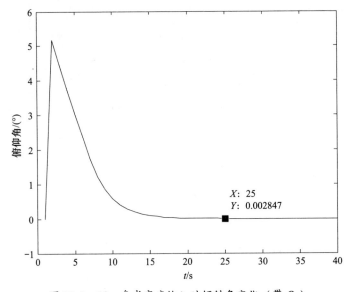

图 10.7　20m 参考高度输入时倾斜角变化（带 $\boldsymbol{Q}_1$）

10.3.2　LQR 速度控制器

为了设计 LQR 型速度控制器，在系统中加入了一个积分器。在包含前行速度和积分器状态的系统中，得到了使用上述 LQR 方法的增益值。在图 10.8 中，建立了该系统用于仿真的 Simulink 模型。纵向控制上需要两个控制器来控制速度和高度。使用 MUX 函数模块给系统加入了积分器状态，而且通过舵机传递函数

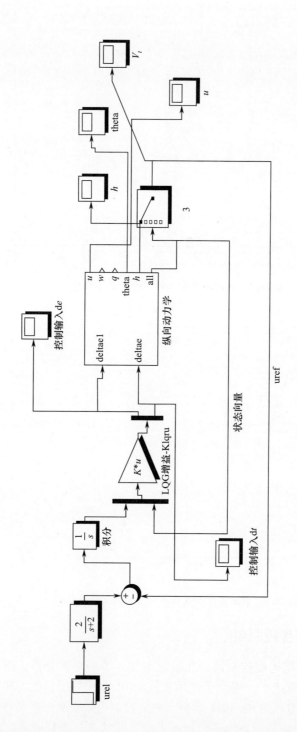

图 10.8　前进速度控制器的 Simulink 框架

和积分器加入了输入量的值 u。加入积分器后，增益值 K_{lon} 在原来的基础上乘以系统状态，然后作为输入提供给系统模型。

　　设计的速度控制器能使无人机达到给定速度，同时保持其他状态不变。图 10.9 ～图 10.11 给出了当输入指令发生 10m/s 的变化时不同状态量的变化情况。

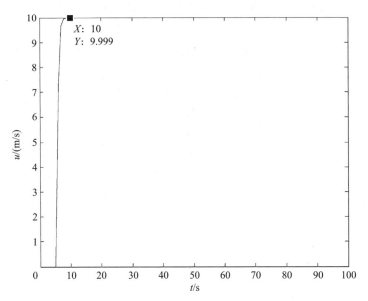

图 10.9　10m/s 参考输入的 LQR 速度控制器响应

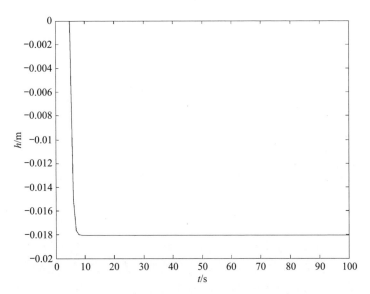

图 10.10　LQR 速度控制器使系统达到 10m/s 时，高度的变化

积分器作为第一个状态加入到系统中。速度误差作为纵向运动方程的第 6 个状态加入到系统中。加入积分器后新的矩阵 A 和 B 为

$$A_{lon} = \begin{bmatrix} 0 & -1.0000 & 0 & 0 & 0 & 0 \\ 0 & -0.3356 & 1.3181 & -1.9276 & -9.6610 & 0 \\ 0 & -1.7961 & -3.9003 & 9.8215 & -1.7035 & 0 \\ 0 & 0.7020 & -3.537 & -11.3920 & 0 & 0 \\ 0 & 0 & 0 & 1.0000 & 0 & 0 \\ 0 & -0.1736 & -0.9848 & 0 & 17.6845 & 0 \end{bmatrix} \quad (10.28)$$

$$B_{uzu} = \begin{bmatrix} 0 & 0 \\ -0.7436 & 6.8728 \\ 3.7855 & 0 \\ 47.9170 & 0 \\ 0 & 0 \\ 0 & 0 \end{bmatrix} \quad (10.29)$$

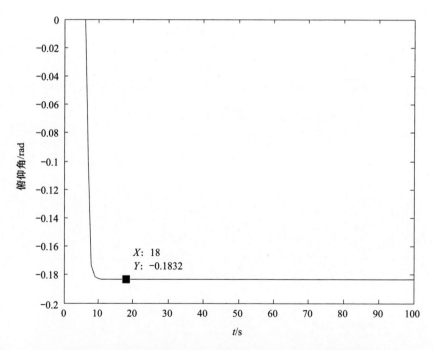

图 10.11 LQR 速度控制器使系统达到 10m/s 时，倾斜角变化

试验表明，当 Q_{lon} 的对角元素选为 1000、10、1、1、100 和 30000 时，系统可以快速地达到参考速度值，同时不影响其他状态（高度、俯仰角等）。R_{lon} 的对角元素选为 100，100 对升降舵和动力控制输入给出相同的控制效果：

$$Q_{uzu} = \begin{bmatrix} 1000 & 0 & 0 & 0 & 0 & 0 \\ 0 & 10 & 0 & 0 & 0 & 0 \\ 0 & 0 & 1 & 0 & 0 & 0 \\ 0 & 0 & 0 & 1 & 0 & 0 \\ 0 & 0 & 0 & 0 & 100 & 0 \\ 0 & 0 & 0 & 0 & 0 & 30000 \end{bmatrix} \tag{10.30}$$

$$R_{uzu} = \begin{bmatrix} 100 & 0 \\ 0 & 100 \end{bmatrix} \tag{10.31}$$

10.4　LQR 型航向控制器

对于横向控制器，同样可以给系统加入一个积分器；不过该系统的结构表明，使用参考输入 $x_d = [0;0;0;0;\psi d]$ 来控制航向时，一般的横向矩阵便足够了。当航向为输入时，存在下述方程：

$$\dot{xd} = A_{\text{lat}} x_d \tag{10.32}$$

这样，如上所述，我们可以使用横向运动状态和控制分配矩阵来计算黎卡提方程结果和 LQR 增益值。横向 LQR 控制器的 Q 和 R 矩阵选为下列矩阵：

$$Q = \begin{bmatrix} 1 & 0 & 0 & 0 & 0 \\ 0 & 10 & 0 & 0 & 0 \\ 0 & 0 & 100 & 0 & 0 \\ 0 & 0 & 0 & 10000 & 0 \\ 0 & 0 & 0 & 0 & 1000 \end{bmatrix} \tag{10.33}$$

$$R = \begin{bmatrix} 100 & 0 \\ 0 & 100 \end{bmatrix} \tag{10.34}$$

横向 LQR 航向控制器的设计方案如图 10.12 所示。从图 10.13 ~ 图 10.15 可以看出，LQR 控制器工作在最优状态，能够使无人机达到期望航向，同时，对 δ_a 和 δ_r 影响甚小。通过选择合适的 Q 和 R 权重矩阵也可以减小状态的振动量。

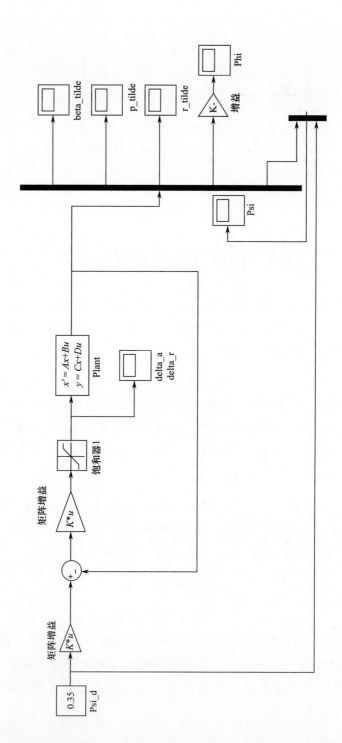

图10.12 横向LQR航向控制器的设计方案

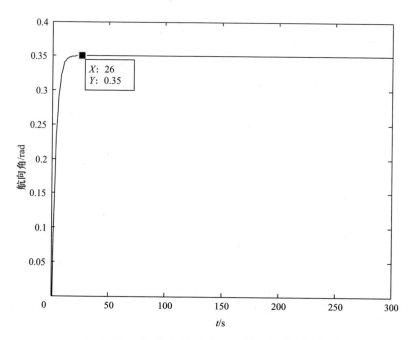

图 10.13　$\Psi d = 0.35\mathrm{rad}$ 输入的 LQR 控制器响应

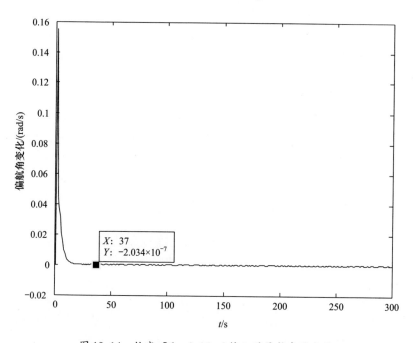

图 10.14　给定 $\Psi d = 0.35\mathrm{rad}$ 输入时偏航角的变化

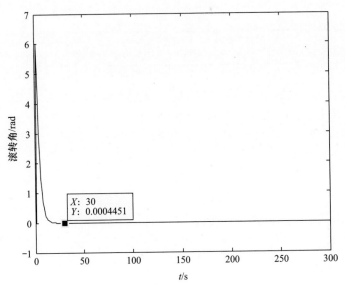

图 10.15　给定 $\Psi d = 0.35\mathrm{rad}$ 输入时的滚转角变化

10.5　带有卡尔曼估计器的 LQR 控制器

在本节中，假设在任何时间测量的状态量都是正确的，同时加上设计的 LQR 共同控制无人机。然而，噪声是一直存在的，在一般的工作条件下系统不可能给出准确的结果。出于此目的，该研究包含了能够估计状态真实值的卡尔曼滤波器。通过对比同时带有卡尔曼滤波器、LQR 和只有 LQR 的系统结果表明了卡尔曼滤波器的效果。使用欧拉方法对系统模型进行了离散化。首先，给定高度输入为 20m，航向角输入为 20.02°和之前计算得到的最优增益值，首先，在 20m 高度和 20.02°航向角输入条件下对标称模型进行了测试，并计算了最优值。然后，对带有噪声的系统进行了仿真。之后，在存在干扰情况下，对带有和不带卡尔曼滤波器控制器的系统响应进行了测试，表明了设计的 LQR 和卡尔曼滤波器系统的有效性[9]。

卡尔曼滤波器使用状态方程（状态空间矩阵）和初始值来计算残差和增益值，进行估计真实的信号值。通过使用线性离散化的状态量和测量方程可以解释卡尔曼滤波器的计算步骤：

$$X(k+1) = AX(k) + Bu(k) + Gw(k) \tag{10.35}$$

$$y(k) = HX(k) + v(k) \tag{10.36}$$

式中：$X(k)$ 为系统状态向量；A 为系统转换矩阵；$u(k)$ 为输入向量；B 为控制分配矩阵；$w(k)$ 为均值为 0 已知协方差结构的随机高斯噪声向量（系统噪声）；

G 为系统噪声转换矩阵；$y(k)$ 为测量向量；H 为测量矩阵；$v(k)$ 为均值为 0 已知协方差结构的测量噪声向量。

系统噪声和测量噪声 $v(k)$ 之间没有关系。$w(k)$ 和 $v(k)$ 的协方差矩阵为

$$E[w(k)w^T(j)] = Q(k)\delta(kj)$$

$$E[v(k)v^T(j)] = R(k)\delta(kj)$$

式中：E 为期望；$\delta(kj)$ 为克罗内克符号。

用下述递归的系统方程表示估计系统状态向量的最优线性卡尔曼滤波器。

外推值方程为

$$X_e(k/k-1) = AX_e(k-1/k-1) + BK_{LQR}(k-1)(Xd - X_e(k-1/k-1))$$

$$(10.37)$$

新息序列为

$$\Delta(k) = Z(k) - HX_e(k/k-1) \tag{10.38}$$

估计值方程为

$$X_e(k/k) = X_e(k/k-1) + K(k)\Delta(k) \tag{10.39}$$

最优线性卡尔曼滤波器的增益矩阵为

$$K(k) = P(k/k)H^T R^{-1}(k) = P(k/k-1)H^T(HP(k/k-1)H^T + R(k))^{-1}$$

$$(10.40)$$

滤波器误差的协方差矩阵为

$$P(k/k) = (I - K(k)H)P(k/k-1) \tag{10.41}$$

外推误差的协方差矩阵为

$$P(k/k-1) = AP(k-1/k-1)A^T + BD_u(k-1)B^T + GQ(k-1)G^T$$

$$(10.42)$$

式中：X_d 为期望向量；I 为单位矩阵。

使用上面描述的步骤，卡尔曼滤波器能够从带有高斯分布干扰的信号中估计真实信号，减小两个信号之间的差值[10]。

10.5.1 带有卡尔曼滤波器的纵向 LQR 控制器

采样时间为 dt，使用欧拉法对纵向运动模型进行离散化。这样，用于滤波器的新的离散矩阵 A 和 B 可以通过 $A_1 = A \times dt + I$ 和 $B_1 = B \times dt$ 得到。

离散无人机模型为

$$X(k+1) = \begin{bmatrix} 0.997 & 0.013 & -0.02 & -0.097 & 0 \\ -0.018 & 0.961 & 0.098 & -0.017 & 0 \\ 0.007 & -0.035 & 0.886 & 0 & 0 \\ 0 & 0 & 0.01 & 1 & 0 \\ -0.0017 & -0.01 & 0 & 0.175 & 0 \end{bmatrix} \begin{pmatrix} u(k) \\ w(k) \\ q(k) \\ \theta(k) \\ h(k) \end{pmatrix} +$$

$$\begin{bmatrix} -0.007 & 0.07 \\ 0.04 & 0 \\ 0.48 & 0 \\ 0 & 0 \\ 0 & 0 \end{bmatrix} \begin{bmatrix} \delta_e(k) \\ \delta_t(k) \end{bmatrix} + \boldsymbol{G}w(k) \tag{10.43}$$

$$y(k) = \boldsymbol{H}\boldsymbol{X}(k) + v(k) \tag{10.44}$$

在案例中，通过 MATLAB 命令生成具有高斯白噪声特性的干扰，然后加入到用无人机纵向动力学模型产生的真实信号中。然后应用卡尔曼滤波器方法，可以看到该方法的效果。在真实场景中，测量和处理过程中的干扰是十分普遍的，而且对控制器存在影响。因此，使用滤波器方法是非常重要的。

式（10.43）包含了控制规律，能够计算出状态量的值。增益值 K 通过纵向 LQR 控制器得到。当然，状态量的干扰也需要首要考虑并且加入系统中。最后，把卡尔曼滤波器应用到带有干扰的系统中来设计一个有效的控制器。为了完成这些内容，编写了一些 MATLAB 代码。图 10.16 ~ 图 10.24 给出了结果。作为最优观测器的卡尔曼滤波器准确地估计出了新的状态量的值，减小了误差[10,11]。

从图 10.16 ~ 图 10.24 可以看出，当存在干扰时，使用卡尔曼滤波器来估计纵向状态量能够明显地提高 LQR 控制器的效果。

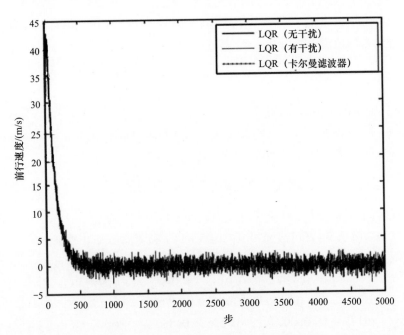

图 10.16　速度 u 的变化（5000 步为 500s）

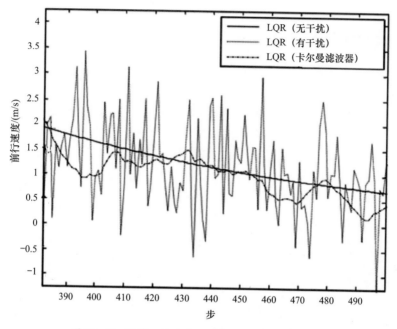

图 10.17　速度 u 的变化（放大，5000 步为 500s）

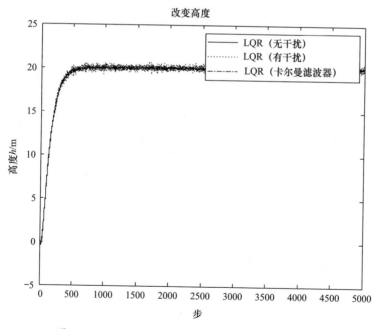

图 10.18　LQR 控制器中 h 的变化（5000 步为 500s）

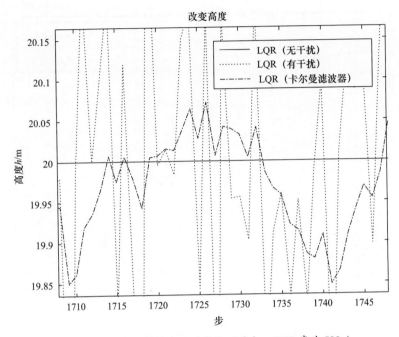

图 10.19　LQR 控制器中 h 的变化（放大，5000 步为 500s）

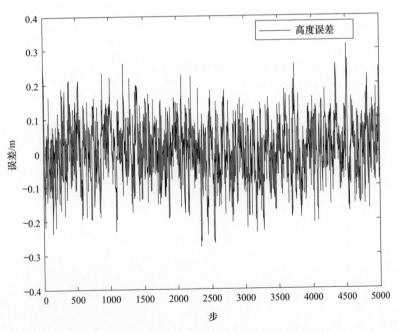

图 10.20　卡尔曼滤波估计与高度正常值之间的差值

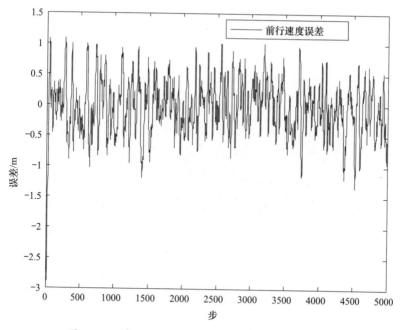

图 10.21 卡尔曼滤波估计与速度正常值之间的差值

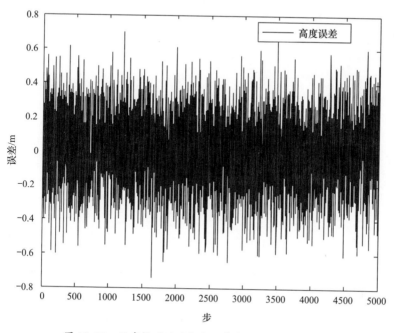

图 10.22 具有扰动的读数与正常高度值之间的差值

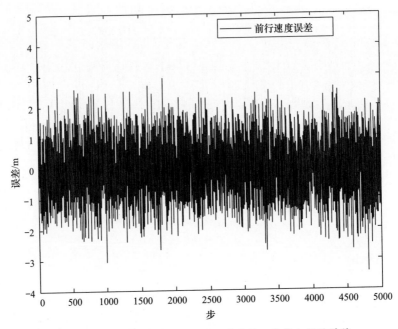

图 10.23 具有扰动的读数与前向速度的正常值之间的差值

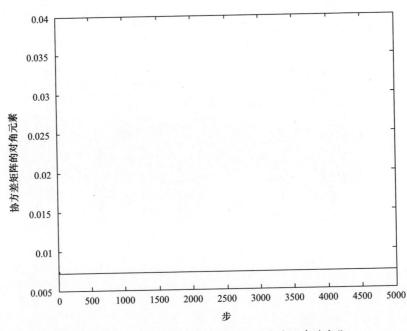

图 10.24 协方差矩阵（P_1）第 5 个对角线元素的变化

10.5.2　带有卡尔曼滤波器的横向 LQR 控制器

这里对横向控制器进行了类似研究，参考航向是系统的输入。取 $X_d = [0;0;0;0;\psi d]$，加上必要的 LQR 增益输入，可以建立系统模型。系统的 MATLAB 代码和纵向运动例子类似。

图表中给出了 r（航向角变化量，rad/s）和航向角 Ψ 的变化情况。图 10.25 ~ 图 10.32 给出了仿真结果。结果证明了卡尔曼滤波器的有效性。

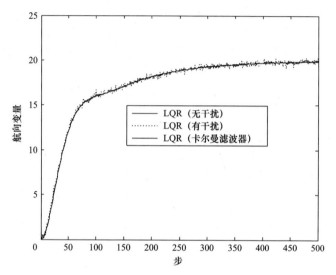

图 10.25　20°输入时航向控制器响应（500 步为 50s）

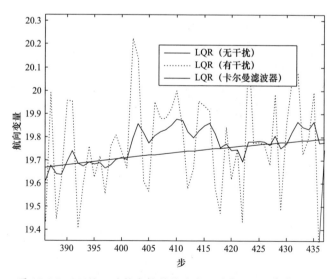

图 10.26　20°输入时航向控制器响应（放大，500 步为 50s）

同时给出了航向和偏航角有无噪声时的差异情况。

给出的仿真结果（图10.25～图10.32）表明，当存在干扰时，使用卡尔曼滤波器来估计横向状态量能够明显地提高 LQR 控制器的效果。

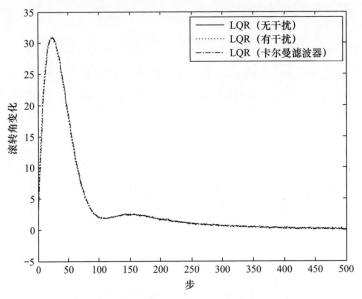

图10.27 滚转角 r 的变化（500 步为 50s）

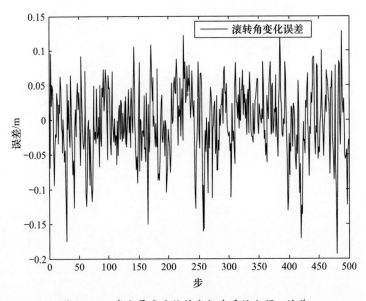

图10.28 卡尔曼滤波估计和标准系统之间 r 的差

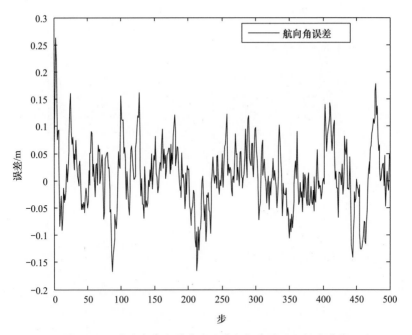

图 10.29　航向角卡尔曼滤波估计与标准系统之间的差值

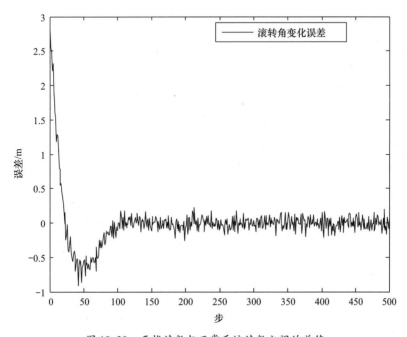

图 10.30　干扰读数与正常系统读数之间的差值

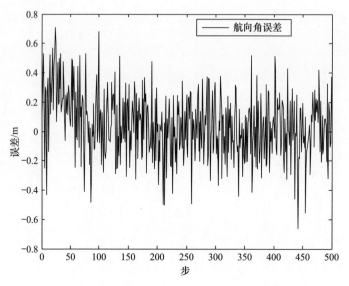

图 10.31　扰动读数与航向标准系统读数之间的差值

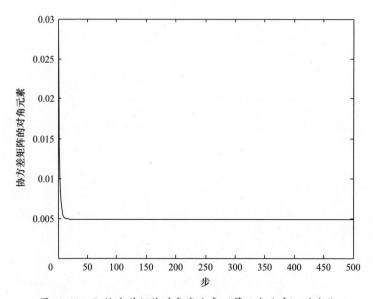

图 10.32　$\boldsymbol{P}_2$ 协方差矩阵对角线元素（第 5 个元素）的变化

10.6　结论和讨论

本章中，采用 LQR 方法设计了小型无人机纵向和横向飞行动力学的最优控制器，并进行了检验。

考虑了干扰对测量值的影响，通过设计系统控制器，表明卡尔曼滤波器在获得正确的测量结果和达到期望控制精度方面的有效性。在系统中设计加入了一个卡尔曼估计器，并对带干扰和不带干扰卡尔曼滤波器时，控制器的响应进行了测试。结果表明，卡尔曼滤波器和 LQR 控制器是有效的。

仿真结果表明，当存在干扰时，使用卡尔曼滤波器来估计状态量的值明显地提高了 LQR 控制器的效果。结论是，带有卡尔曼滤波器的 LQR 方法在无人机纵向和横向飞行动力学控制中是有效的，并且可用于类似的场景中。

参考文献

1. Jang JN (2003) Longitudinal stability augmentation system design for the dragon fly UAV using a single GPS receiver. In: Proceedings of the AIAA guidance, navigation, and control conference and exhibit, Austin, TX, August 2003. AIAA paper 2003-5592
2. Kinoshita T, Imado F (2006) A study on the optimal flight control for an autonomous UAV. In: Proceedings of the IEEE 2006 international conference on mechatronics and automation (ICMA), Luoyang, China, June 2006, 43(38)
3. Franko S (2009) LQR-based trajectory control of full envelope, autonomous helicopter. In: Proceedings of the world congress on engineering (WCE 2009), London, UK, July 1–3 2009, vol I
4. Öner KT, Çetinsoy E, Sırımoğlu E, Hancer C, Ayken T, Ünel M (2009) LQR and SMC stabilization of a new unmanned aerial vehicle. World Acad Sci Eng Technol 34:373–378
5. Masar I, Stöhr E (2011) Gain-scheduled LQR-control for an autonomous airship. In: Proceedings of the 18th international conference on process control, Tatranská Lomnica, Slovakia, 14–17 June 2011, pp 197–204
6. Santoso F, Liu M, Egan GK (2007) Linear quadratic optimal control synthesis for an UAV. In: Proceedings of the 12th Australian international aerospace congress (AIAC12), Melbourne, Australia, 16–22 March 2007
7. Johnson MD, Calise AJ, Johnson EN (2003) Evaluation of an adaptive method for launch vehicle flight control. In: Proceedings of the AIAA guidance, navigation, and control conference and exhibit, Austin, TX, August 2003
8. Anderson BDO, Moore JB (1990) Optimal control: linear quadratic methods. Prentice Hall, Englewood Cliffs
9. Hajiyev C, Vural SY (2010) LQR controller with Kalman estimator applied to UAV longitudinal dynamics. International workshop on unmanned air vehicles UVW2010, Istanbul, 10–12 June 2010
10. Hajiyev C (1999) Radio navigation. Istanbul Technical University, Istanbul (in Turkish)
11. Sage AP, Melsa JL (1971) Estimation theory with applications to communications and control. McGraw-Hill, New York

第 11 章　基于模糊逻辑的控制器设计

11.1　基于模糊逻辑的系统

基于模糊逻辑的系统，可定义为基于知识规则的系统。模糊逻辑系统的基本结构是基于如果 – 则（IF-THEN）规则的知识系统。例如：

IF 速度较慢，THEN 采用更大的推力。

在模糊逻辑系统中，IF-THEN 规则可利用专家知识和经验来进行设计。以下是 3 种不同类型的基于模糊逻辑的系统：

（1）基本模糊逻辑系统；

（2）Takagi-Sugeno（TSK）模糊逻辑系统；

（3）具有模糊化和去模糊化的模糊系统。

TSK 的输出为一个函数，而其他系统的输入和输出都是基于模糊逻辑的。在模糊化和去模糊化系统中，多输入可以转换为单输出。模糊逻辑控制器的总体方案如图 11.1 所示。

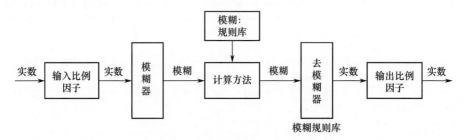

图 11.1　模糊逻辑控制器的总体方案

简单来说，从知识库出发，使用基于模糊逻辑控制器可找到一个非线性输入输出过程（控制器）。基于模糊逻辑的系统被广泛应用于汽车控制系统、地铁控制系统和生产控制系统中。对于飞行控制系统，已有基于单独模糊逻辑的系统，以及采用模糊逻辑和其他类型控制器的研究[1,2]。

在基于模糊逻辑的系统中，输入和输出之间的关系可以表示为："IF 前提命题 THEN 结果命题"类型的"IF-THEN"模糊规则。前提命题始终是一个模糊命题，如"$x\ A$"。其中，x 是一个语言变量，A 是一个语言术语。

模糊规则库命题精度为介于 0 和 1 之间的值，取决于 X 和 a 之间的关系。

例如，可以用模糊规则定义油门和车速之间的关系，IF 油门大，THEN 车速高。模糊模型可由其中包含的模糊规则来命名。模糊命题的输出结构决定了模糊规则的类型。有 4 种不同类型：

（1）Mamdani 型模糊规则；

（2）Singleton 型模糊规则；

（3）Takagi-Sugeno 型模糊规则；

（4）Tsukamoto 型模糊规则。

11.1.1　Mamdani 型模糊规则

这种类型规则包括有关变量的半限定知识，可以给出：

$$\text{IF} x \ A_i \ \text{THEN} \ y \ B_i$$

在这个规则中，x 为语言输入，A_i 为前提语言学术语。同样，y 为语言输出，B_i 为结论语言术语。该规则中的语言变量 x 和 y 以及语言术语 A_i 和 B_i 是定义在各自定义域的模糊集。

例如，前提和结论的模糊集隶属函数可以表示为

$$x \in X \subset \mathbf{R}^p \tag{11.1}$$

$$y \in Y \subset \mathbf{R}^q \tag{11.2}$$

$$\mu(x) : X \to [0,1] \tag{11.3}$$

$$\mu(y) : Y \to [0,1] \tag{11.4}$$

模糊集 A_i 是前提空间的模糊空间，其中相关结论命题是实数。语言变量 A_i 和 B_i 一般选择小、非常小、中等、大、非常大等项。如果定义集合 A 和 B，定义 A_i 和 B_i 是子集，即 $A_i \in A$，$B_i \in B$。

例如，恒定气流的加热器系统可以描述为一个模糊模型，受热量取决于给定的 O_2 输入。

输入为 O_2 流量，输出为加热功率。输入和输出语言术语集为

$$A = \{低, 中, 高\} \tag{11.5}$$

$$B = \{低, 高\} \tag{11.6}$$

输入和输出之间的关系如下。

规则 1：IF O_2 流量低，THEN 加热功率低。

规则 2：IF O_2 流量中，THEN 加热功率高。

规则 3：IF O_2 流量高，THEN 加热功率低。

模糊系统中，语言术语由隶属函数进行定义。例子中给出的输入和输出，隶属函数如图 11.2 所示。

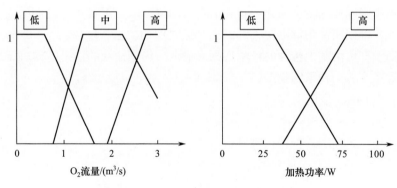

图 11.2 O_2 流量和加热功率的隶属函数

11.1.2 Singleton 型模糊规则

Singleton 型模糊规则是一种特殊的 Mamdani 规则。输出模糊集是一个单一集合。

单一隶属函数可表示为

$$\mu(x) = \begin{Bmatrix} 1, x = \bar{x} \\ 0, \text{IF NOT} \end{Bmatrix} \tag{11.7}$$

单一规则可以被描述为

IF x 为 A_i THEN $y = b_i, i = 1, 2, 3, \cdots, r$

11.1.3 Takagi-Sugeno 型模糊规则

在 Mamdani 的 IF-THEN 规则中，前提和结论部分由模糊命题定义。Takagi-Sugeno（T-S）模糊模型的结论部分出现了数学函数。因此，这类模型通过语言和数学表达式共同建立。

T-S 模型规则为

IF x 为 A_i THEN $y_i = f_i(x), i = 1, 2, \cdots, r$

与 Mamdani 型不同的是，输入 x 是精确的。所有的 $f(x)$ 函数类型相同，参数不同。为简单起见，输出函数采用线性函数。

11.1.4 模糊推理机制

每一个 Mamdani 型规则为

IF x 为 A_i THEN $y_i = B_i, i = 1, 2, \cdots, r$

可表示为模糊关系：

$$R_i(X \times Y) \to [1, 0]$$

该关系可用模糊关系（Mamdani 法）计算。IF-THEN 规则可以定义为 $A_i \to$

B_i，就用模糊关系[2]。

统一使用时，IF-THEN 规则定义为 A 和 B 必须同时为真。这种关系对称且可逆。如果取最小交集 $\wedge$，则 $R_i = A_i \times B_i$ 采用 $A(\mu_{A_i})$ 和 $B(\mu_{B_i})$ 隶属函数进行定义：

$$\mu_{R_i}(x,y) = \mu_{A_i}(x) \wedge \mu_{B_i}(y) = \min(\mu_{A_i}(x), \mu_{B_i}(y)) \tag{11.8}$$

对 X 和 Y 的笛卡儿空间中所有可能的 $x - y$ 组合取最小运算，模型的模糊 R 关系，由 Mamdani 型规则库的 r 模糊规则统一定义：

$$R = \bigcup_{i=1}^{r} K_i \tag{11.9}$$

如果统一取最大运算，R 的隶属函数关系变为

$$\mu_R(x,y) = \max_{l \leq i \leq r}(\mu_{A_i}(x) \wedge \mu_{B_i}(y)) = \max_{l \leq i \leq r}(\min(\mu_{A_i}(x), \mu_{B_i}(y))) \tag{11.10}$$

以图 11.3 为例，提出如下规则。

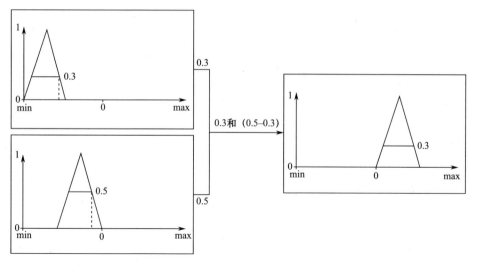

图 11.3　IF-THEN 模糊规则的应用实例

IF "高度低（0.3 表示低空隶属度值）"和"垂直速度（w）中等偏低（0.5 表示低模隶属度值）"THEN 升降舵角度输出是"低模"。

可以用最小 – 最大关系得到输出的有效性因子。在这种情况下，取输入的最小值，计算低度或中度升降舵角度输出的隶属函数的面积。通常，不只一个规则有效，在这种情况下，每一个输出值可得到一个平均值：

$$\text{result} = \frac{\text{mu}(1)\text{output}(1) + \text{mu}(2)\text{output}(2) + \cdots + \text{mu}(n)\text{output}(n)}{\text{mu}(1) + \text{mu}(2) + \cdots + \text{mu}(n)} \tag{11.11}$$

总值可通过 mu 与输出相乘得到。如果选择以面积为中心的方法输出，可以计算得到面积的均值。

11.2　模糊控制器

从其他控制器设计中可以看出，经典方法需要系统模型知识。但是，模糊逻辑控制器采用已知的输入输出关系和专家知识就可进行设计，无需实际系统模型。

Mamdani 型控制器基于知识规则，有利于系统满足预先确定的要求。Mamdani 提出从需求和专家知识出发，设计基于 IF-THEN 规则和输入输出隶属函数的控制器。该研究中，采用 Mamdani 型控制器[3]。

在这种情况下，误差和误差微分作为输入。这类控制器类似于比例 – 微分（PD）控制器。针对高度、速度和航向控制器，设计了一种 PD 型模糊控制器。

该研究采用的 PD 控制器方案，如图 11.4 所示。通过误差（$e(t)$）和误差变化（$e(t) - e(t-1)$）计算输出 u。控制器采用 Triangular 型隶属函数和 PD 型输入。

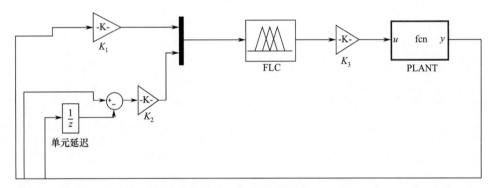

图 11.4　PD 控制器方案

$VT - \mathrm{d}t$ 和 $h - \theta_{\mathrm{ref}}$ 规则库见表 11.1。对于内环控制器，采用经典方法（P 控制器），外环控制器采用基于模糊逻辑规则进行设计。

规则定义如下。

表 11.1　基于 $e(t)$ 和 $e(t) - e(t-1)$ 的规则

$e/e(t) - e(t-1)$	NB	NK	S	PK	PB
NB	NB	NB	NO	NK	S
NK	NB	NO	NK	S	PK
S	NO	NK	S	PK	PO
PK	NK	S	PK	PO	PB
PB	S	PK	PO	PB	PB

　　IF 高度误差为负高、高度误差变化为负高，THEN 俯仰角所需输出为负高。共定义了 25 个规则。在这些规则中，认为误差值本身是很重要的。然后，可随着不同的运算条件改变系数 K_1 和 K_2。此外，可根据所需输出改变 K_3。降低输入和输出系数意味着，输入函数的隶属函数变宽和输出函数的隶属函数变集中[2]。

　　输出去模糊化采用以面积为中心的结构。

11.2.1　基于模糊逻辑的高度和速度控制器

　　首先，设计纵向模糊控制器。为每个控制器都定义了误差和误差变化隶属函数。采用 MATLAB 软件计算[4]。高度控制器隶属函数如图 11.5 ~ 图 11.8 所示。

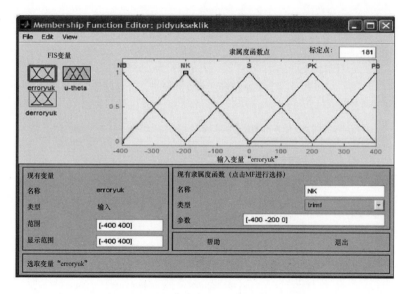

图 11.5　模糊高度控制器的误差输入函数

　　误差变化隶属函数相似，范围为 - 100 ~ + 100。高度误差范围、高度误差变化、输出俯仰角分别为 - 400 ~ + 400m，- 100 ~ + 100m 和 + 0.1745 ~ - 0.1745rad（10°）。定义了 7 个输出隶属函数。

　　速度控制器采用相同的规则和函数。速度控制器的误差范围和误差隶属函数变化范围分别为 - 20 ~ + 20m/s 和 - 20 ~ + 20。对于 dt 输出，范围为 - 1 ~ + 1。在 dt 的隶属函数中，0 表示实际 dt 输入。

　　控制器可利用专家知识来设计，并考虑了不同的条件时，不需要输入输出关系。但是，系统优化需要对隶属函数进行详细研究，本研究中，使用系数来开发更好的系统。

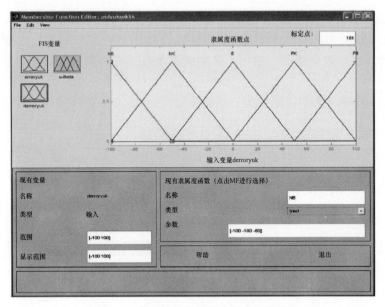

图 11.6　高度控制器的误差隶属函数变化

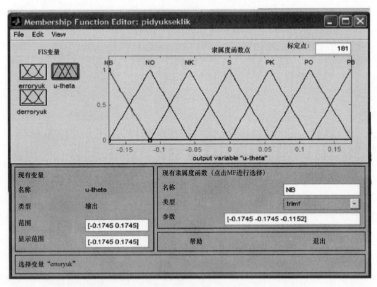

图 11.7　H-θref 模糊逻辑控制器输出函数

　　结果表明，当系数设定合适时，采用均匀分布隶属函数的 Mamdani 型 PD 控制器，能够取得较好效果。模糊逻辑控制器的优点是，它可以在系统动力学未知的情况下进行设计，可以很容易地使用系数，而不需改变隶属函数。采用像遗传算法那样更复杂的优化技术来改变隶属函数，可以提高控制器的性能。

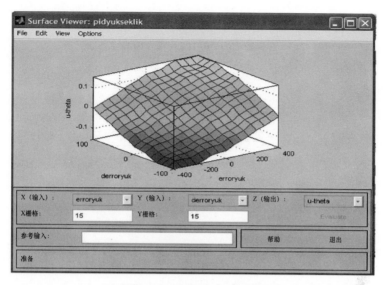

图 11.8　H-θref 模糊控制器曲面图

当输入高度和速度控制器分别为 100m 和 14m/s 时，结果分别如图 11.9 ~
图 11.12所示。

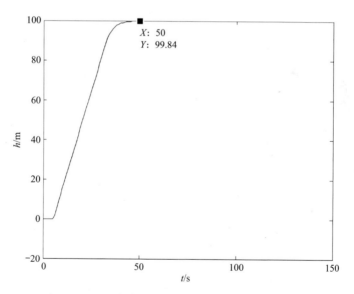

图 11.9　输入高度为 100m 时的模糊逻辑控制器结果

得到了系数 $K_1 = 1$、$K_2 = 1$ 和 $K_3 = 46.46$ 时高度控制器的结果。当其他系数
为 1 时，用信号约束法计算 K_3 值，该方法利用梯度下降法优化响应。使用信号
约束法的结果见表 11.2。

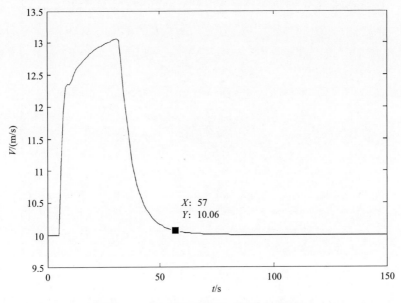

图 11.10　输入高度为 100m 时速度的变化

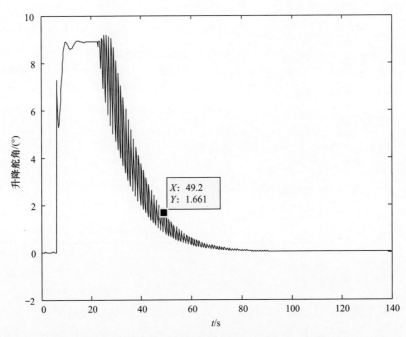

图 11.11　输入高度为 100m 时升降舵角变化

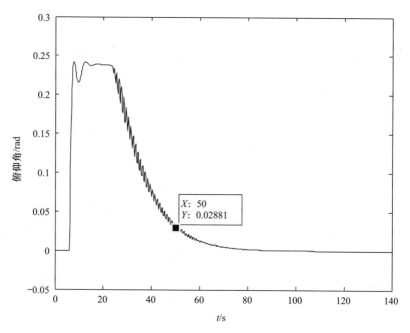

图 11.12 输入高度为 100m 时，俯仰角变化

表 11.2 信号约束法结果

迭代	S 的个数	$f(x)$	最大极限	限制方向步长	一阶导数	最优
0	1	0	538.6	—	—	—
1	6	0	251.9	0.635	0	1
2	9	0	0.3245	1	0	1
3	12	0	0.1203	1	0	942
4	15	0	0.04807	1	0	724
5	18	0	0.01452	1	0	389
6	21	0	0.002461	1	0	40.1
7	24	0	0.000126	1	0	2.42

$K_3 = 46.4599$，为输出系数的最优值。当输入较低时，系统振动响应较大，此时，必须改变输出系数。例如，K_3 输入为 5m，取为 30，可以达到更好效果，如图 11.13 ~ 图 11.17 所示。

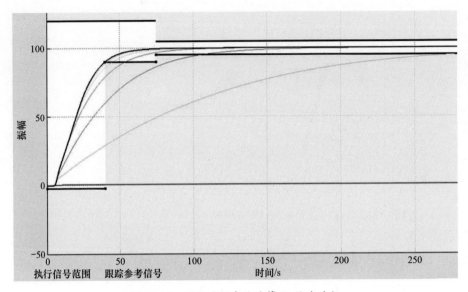

图 11.13　用信号约束法计算 K_3 输出系数

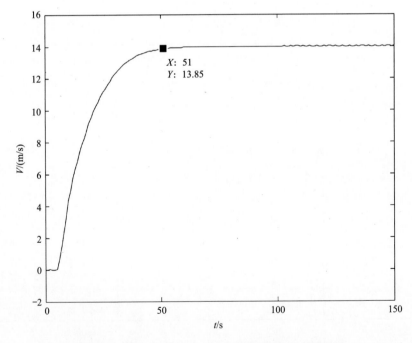

图 11.14　输入速度为 14m/s 时的模糊逻辑控制器结果

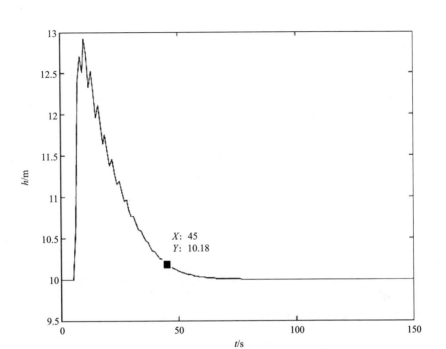

图 11.15　输入速度为 14m/s 时的高度变化

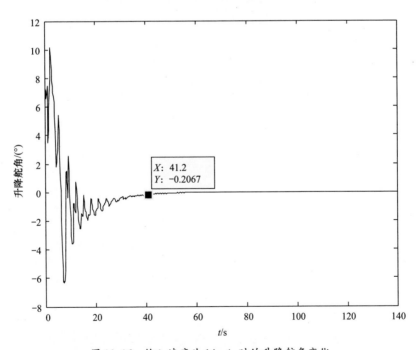

图 11.16　输入速度为 14m/s 时的升降舵角变化

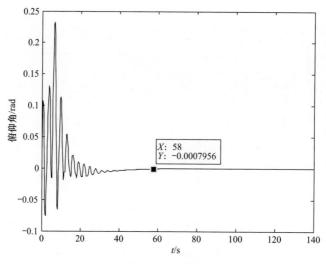

图 11.17　输入速度为 14m/s 时的俯仰角变化

11.2.2　横向模糊逻辑控制器

在横向控制器设计（航向控制器）中，规则和隶属函数类型与纵向控制器相同。输入和输出函数以弧度定义。误差范围和误差变化分别为 −5 ～ +5rad 和 −1 ～ 1。输出函数范围为 −20 ～ +20°（ −0.349/ +0.349rad）。同样，输出函数用于缩放隶属函数。

隶属函数如图 11.18 和图 11.19 所示，航向控制器曲面如图 11.20 所示。

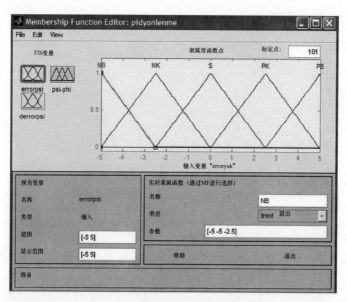

图 11.18　横向控制器误差隶属函数

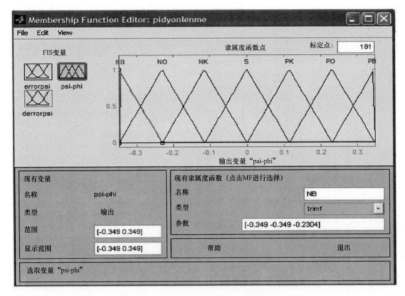

图 11.19　航向角输出隶属函数

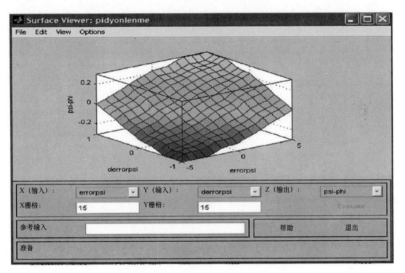

图 11.20　航向控制器曲面图

横向控制器规则类似于纵向控制器[3]。

同一类型的隶属函数用于误差改变。

横向模糊逻辑控制器的结果分别如图 11.21 ~ 图 11.23 所示。

航向控制器和横向模糊逻辑控制器方案分别如图 11.24、图 11.25 所示。

结果表明，如果系数取值较合适时，横向控制器工作良好。

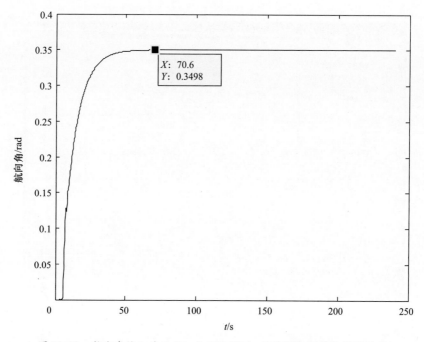

图 11.21　航向角输入为 0.35rad（20.02°）时的模糊逻辑控制器响应

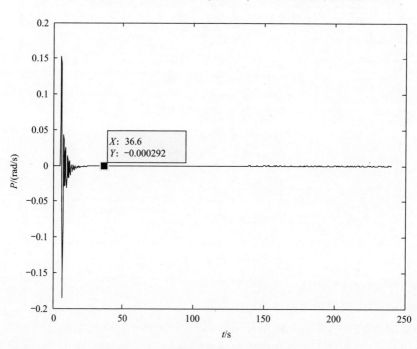

图 11.22　航向角输入为 0.35rad 时的 φ 变化

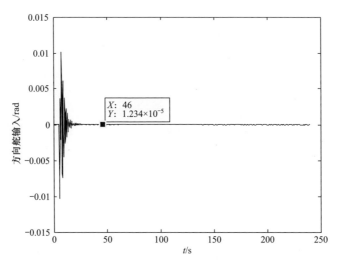

图 11.23　航向输入 0.35rad 的 dr（方向舵）变化

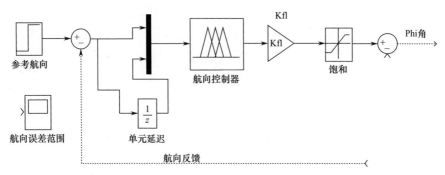

图 11.24　航向控制器方案

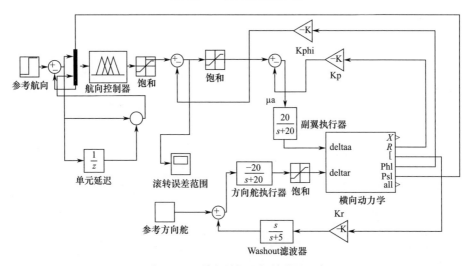

图 11.25　横向模糊逻辑控制器方案

11.3　模糊控制器的稳定性分析

基于非线性模糊逻辑系统的稳定性分析是比较困难的。Lyapunov 和 Popov 分析法都要明确地定义系统，只能对简化模型进行稳定性分析。控制器设计显得很保守。Lyapunov 法、绝对稳定法和圆判据法（以及类似）只能用于确定系统在某些条件下是否稳定。对于模糊逻辑控制器，一般采用仿真方法来确定所设计的控制器系统是否稳定[1,2]。

本研究中，采用仿真法来评估系统稳定性。

11.4　无人驾驶飞行控制器对比

本节中，比较了 3 种类型的小型无人机（UAV）飞行控制系统（经典控制法、最优控制法和模糊逻辑法），经典控制系统设计是最常见的，且已被证明是一种较好地飞行器控制方法。另一方面，其他控制系统也有诸多优点。线性二次调节器（LQR）控制器可以快速进行设计，模糊逻辑控制器可以在系统动力学先验知识未知条件下进行设计。结果可用于 UAV 飞行控制系统设计。控制器响应值见表 11.3 ~ 表 11.5。

表 11.3　比例微分导数（PID）控制器响应数据

PID 控制器	设定时间	爬升时间
高度 h	12.13s	2.17s
总速度 V_t	81.5s	35.63s
航向 Ψ	24s	12.76s

表 11.4　线性二次调节器（LQR）控制器响应数据

LQR 控制器	设定时间	爬升时间
高度 h	6s	3.05s
总速度 V_t	7.82s	1.6s
航向 Ψ	14.3s	6.7625s

表 11.5　模糊逻辑控制器响应数据

模糊逻辑控制器	设定时间	爬升时间
高度 $hK_3 = 10$	37s	15s
总速度 $V_t K_3 = 30$	37s	15.32s
航向 Ψ	60s	26s

　　所有值均通过输入仿真得出。PID 控制器可以很好地实现高度和航向控制器控制，但由于速度和高度的相互影响，必须采用速度慢响应控制器。LQR 控制器的响应快，即使小心调节成本矩阵，但控制输入仍然较高。此外，必须对加入 LQR 控制器的值进行筛选，如前面卡尔曼滤波部分所述。尽管没有优化系统，且设计时动态模型知识未知，但模糊逻辑控制器工作良好。在模糊逻辑控制器中，对隶属函数进行合理设计，可得到较好效果。

　　综上所述，可以发现，这 3 种类型的控制器都适合作为小型无人机控制器使用。结果表明，虽然 PID 控制器响应良好，但 LQR 控制器和隶属函数优化的模糊逻辑控制器也可以作为 UAV 系统的控制器。

11.5　结论与讨论

　　本章中设计了基于模糊逻辑的纵向和横向控制器，并对不同无人机飞行控制方法进行比较。即使没有采用系统优化技术，且设计时动态模型知识未知，模糊逻辑控制器也能很好地工作。在模糊逻辑控制器中，选择适合的隶属函数可以得到较好的结果。对于模糊逻辑控制器，一般采用仿真法确定系统在设计的控制器作用下是否稳定。在这种情况下，仿真结果表明，所研究系统是稳定的。

　　通过对不同 UAV 飞行控制方法的比较表明，PID 控制器控制效果良好，采用隶属函数优化的 LQR 和模糊逻辑控制器能够有效地控制无人机。在忽略每个动作对彼此影响的情况下更好地设计控制器，以及在不同的输入和条件下对系统进行仿真，设计出更高效、更稳定的控制器，可能是下一步的研究课题。

参考文献

1. Klir GJ, Yuan B (1995) Fuzzy sets and fuzzy logic theory and applications. Prentice Hall, Upper Saddle River
2. Passino KM, Yurkovich S (1998) Fuzzy control. Addison-Wesley, Menlo Park
3. Vural SY, Hajiyev C (2014) A comparison of longitudinal controllers for autonomous UAV. Int J Sustain Aviat 1(1):58–71
4. Hines JW (1997) MATLAB supplement to fuzzy and neural approaches in engineering. Wiley, New York

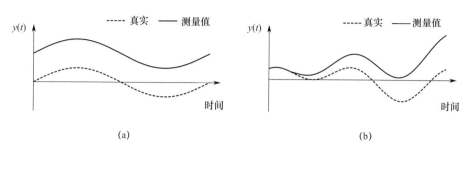

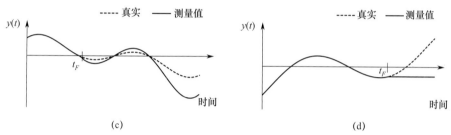

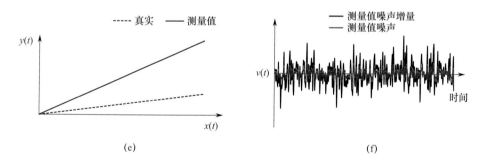

图 3.13 几种类型的传感器故障

（a）传感器偏差；（b）传感器漂移；（c）精度丢失；

（d）传感器冻结（发生在t_F时刻以后）；（e）校正误差；（f）噪声增量。

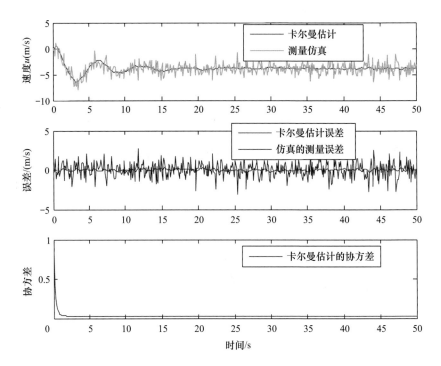

图 4.3　OKF 的 u 估计

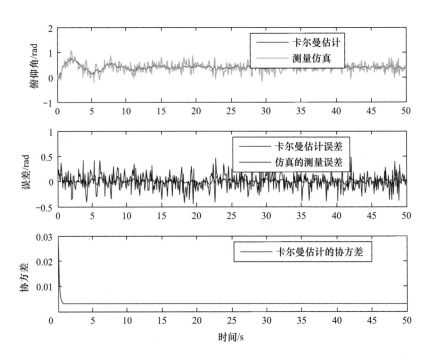

图 4.4　OKF 的 θ 估计

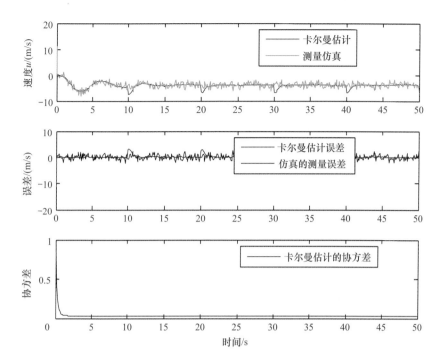

图 4.5　在故障测量情况下，OKF 的 u 估计

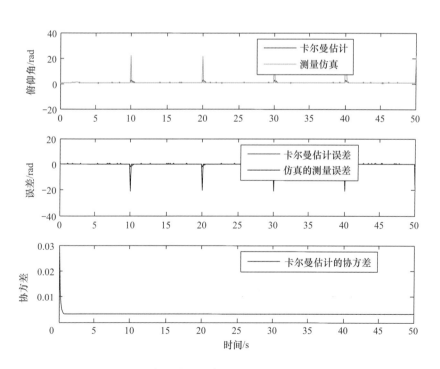

图 4.6　在故障测量情况下，OKF 的 θ 估计

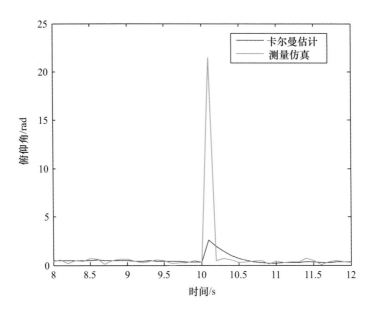

图 4.7　在故障测量情况下，OKF θ 估计的放大显示

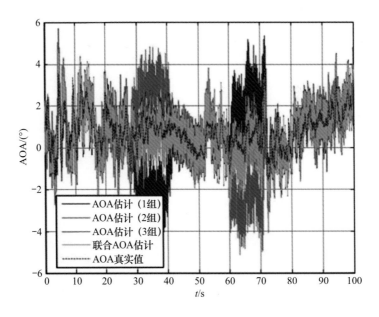

图 7.4　故障隔离的攻角（AOA）估计值（当真空速传感器 1（TAS1）偏差 =10 节）

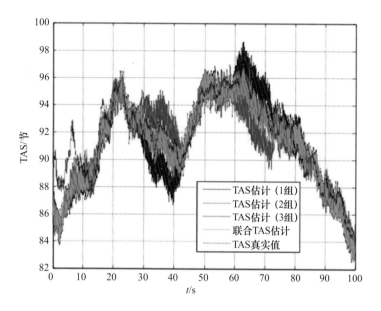

图 7.5 故障隔离的 TAS 估计值（当 TAS1 偏差 =10 节）

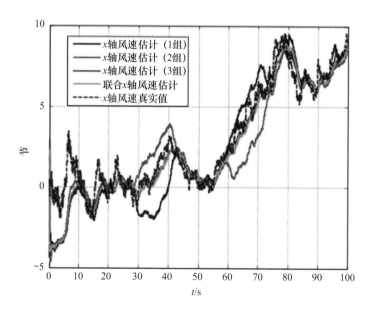

图 7.6 x 轴故障隔离的风速估计值（当 TAS1 偏差 =10 节）

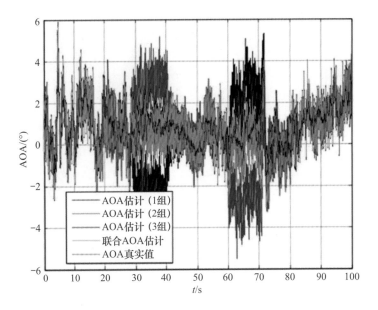

图 7.7　故障隔离 AOA 估计值（当 AOA3 偏差 =+5°）

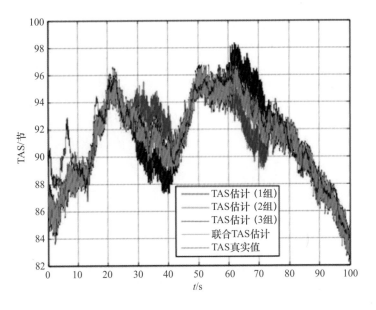

图 7.8　故障隔离 TAS 估计值（当 AOA3 偏差 =+5°）

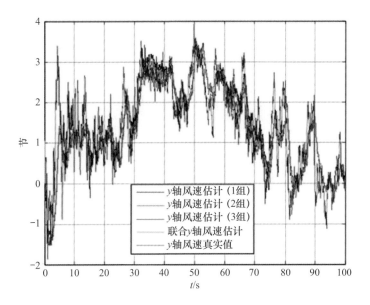

图 7.9 故障隔离 y 轴风速（当 AOS 1 偏差 =+5°）

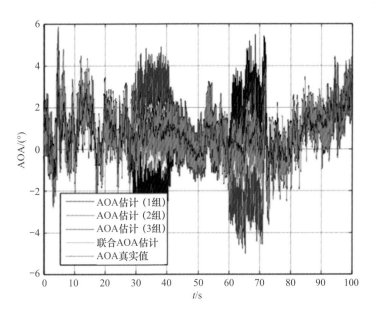

图 7.10 未故障隔离的 AOA 估计值（当 TAS1 偏差 =10 节）

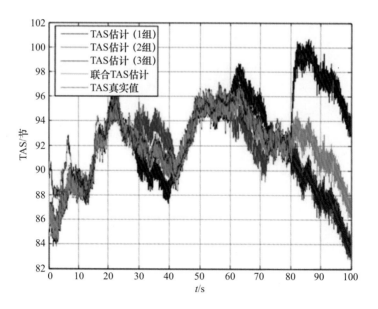

图 7.11　未故障隔离的 TAS 估计值（当 TAS1 偏差 =10 节）

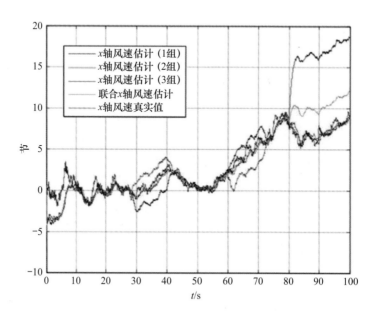

图 7.12　未故障隔离的 x 轴风速估计值（当 TAS1 偏差 =10 节）

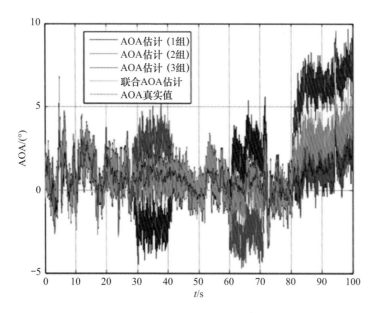

图 7.13　未故障隔离的 AOA 估计值（当 AOA3 偏差 =+5°）

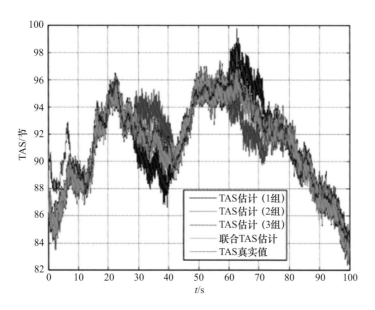

图 7.14　未故障隔离的 TAS 估计值（当 AOA3 偏差 =+5°）

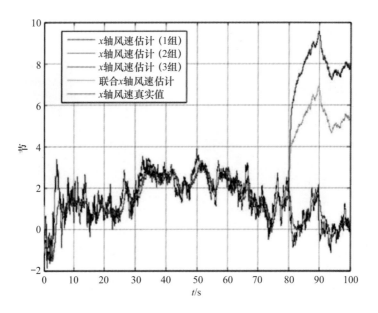

图 7.15 未故障隔离的 *y* 轴风速估计值（当 AOS1 偏差 =+5°）